합교육시리즈 01 •

-THE HISTORY of CHEMISTRY-

화학의 역사
를 알면
화학이
보인다.

이모션미디어

화학의 역사를 알면
화학이 보인다.

초판인쇄 2018년 7월 31일
초판발행 2018년 7월 31일

지 은 이 백성혜, 한성학

펴 낸 곳 이모션미디어
주 소 서울시 중구 퇴계로 213 일흥빌딩 408호
등 록 2016년 10월 1일 제571-92-00230호
전 화 02)381-0706 | **팩스** 02)371-0706
이 메 일 emotion-books@naver.com
홈페이지 www.emotionbooks.co.kr

ISBN 979-11-88145-84-3
값 15,000원

이 도서의 국립중앙도서관 출판예정도서목록(CIP)은 서지정보유통지원시스템 홈페이지(http://seoji.nl.go.kr)와 국가자료공동목록시스템(http://www.nl.go.kr/kolisnet)에서 이용하실 수 있습니다.
(CIP제어번호 : CIP2018015803)

화학의 역사를 알면 화학이 보인다.

백성혜, 한성학 지음

목 차

01 그리스 시대의 자연철학자

신의 세계에서 물질의 세계로!

모든 역사의 뿌리는 그리스 시대부터이다. 이것은 그리스 시대부터 문자로 인간의 생각이 전달되기 시작했기 때문이다. 물론 그 이전에도 인간의 생각은 존재했겠지만, 문자로 남겨지지 않은 시대의 이야기를 우리는 알기 어렵다.

자연 현상을 이해하기 위한 인간의 노력으로부터 나온 생각이 과학이다. 그러나 과학으로 발달하기 전에 자연 현상에 대한 섭리는 신의 영역이었다. 그래서 사람들은 모든 물질에 영혼이 있다고 믿었으며, 신이 모든 것을 창조하였다고 생각하고 이를 근거로 자연 현상을 설명하였다.

기원전 1000년부터 그리스인들은 신의 존재를 무시하고 자연 현상을 있는 그대로 바라보기 시작하였다. 세상은 신으로부터 만들어진 것이 아니라, 물질로부터 만들어졌다고 생각하게 된 것이다.

그렇다면, 물질을 이루는 근본은 무엇일까? 라는 궁금증이 생기게 되었다. 이 생각을 발달시킨 그리스 철학자 중 한 사람이 탈레스(Thales, B.C. 624~546)이다.

탈레스는 자연을 이루는 물질을 기체, 액체, 고체의 세 가지 상태로 구분하였다. 그리고 세 가지 상태 중에 기본은 물이라고 생각하였다. 물은 자연 현상에서 가장 흔하게 볼 수 있기 때문에 근본이 되는 물질이라고 본 것이다. 탈레스가 말하는 물은 현대적 의미의 수소 원자 2개와 산소 원자 1개가 결합한 물질이 아니다. 단지, 물로 대표되는 액체(liquid) 상태를 의미하는 것이라고 생각된다. 우리가 보통 "그거 물 같아."라고 이야기 할 때 흐르는 액체를 의미하는 경우가 종종 있는 것과 마찬가지이다. 액체인 물은 상태변화를 관찰할 수 있는 가장 대표적인 물질로, 오늘날 과학교과서에서도 항상 상태변화를 설명할 때 등장한다.

제자는 스승의 영향을 받지만, 스승의 사고를 벗어날 수 있어야 더 큰 성취를 할 수 있다. 탈레스의 제자 아낙시메네스(Anaximenes, B.C. 588~524)는 탈레스와 달리, 만물의 기본이 공기라고 주장하였다. 그가 말한 공기도 오늘날 이야기하는 질소와 산소 등으로 구성된 혼합물이 아니라, 기체(gas) 상태를 대표하는 말일 것이다.

눈에 보이지 않은 모든 물질의 기본이 공기

눈에 보이지 않는 공기가 존재한다고 생각하는 것 자체가 매우 혁신적인데, 그리스 시대의 철학자들이 공기의 존재를 인식했다는 것은 상당히 놀라운 일이다. 아마도 피아제가 주장한 것처럼 12세 이상이면 형성되는 보존 논리 때문에 액체 상태인 물이 눈에 보이지 않는 상태로 변화하는 것을 통해 추론했을 것이다. 추론은 과학적 사고의 첫 출발인데, 그리스 철학자들의 이러한 추론은 오늘날 과학 시간에 물질의 상태변화를 할 때에도 그대로 적용된다. 즉, 물이 끓으면 없어지는 것이 아니라 눈에 보이지 않는 형태, 즉 수증기가 된다는 보존 논리로 상태 변화를 설명한다. 아낙시메네스는 눈에 보이면서 얼음이나 수증기 등으로 쉽게 변하는 물보다는, 눈에 보이지 않는 공기가 더 물질의 근본에 잘 맞는다고 생각하였다. 이때부터 눈에 보이지 않는 매우 작은 형태의 기본 물질인 원자에 대한 사고가 시작되었다고 할 수 있다.

피아제(Piaget, 1896~1980)는 아이들의 보존논리가 언제 생긴다고 보았을까?

스위스의 심리학자이면서 유명한 교육 이론을 주장한 제네바 대학의 교수. 그는 아이들이 성장하면서 크게 4단계의 인지발달을 한다고 주장하였다. 태어나서 2살까지는 감각운동기, 2-7세까지는 전조작기, 7-11세까지는 구체적 조작기, 12세 이상 성인까지는 형식적 조작기로 구분된다.

피아제는 초기에 생물학자였기 때문에 교육이론을 개발할 때 자신의 생물학적 지식을 활용하였다. 따라서 인간의 인지 발달은 나이에 의한 성숙으로 결정된다고 보았다. 이때 보존 개념, 분류화 개념, 서열화 개념 등 과학적 사고에 중요한 개념들이 구체적 조작기에 형성된다고 하였다.

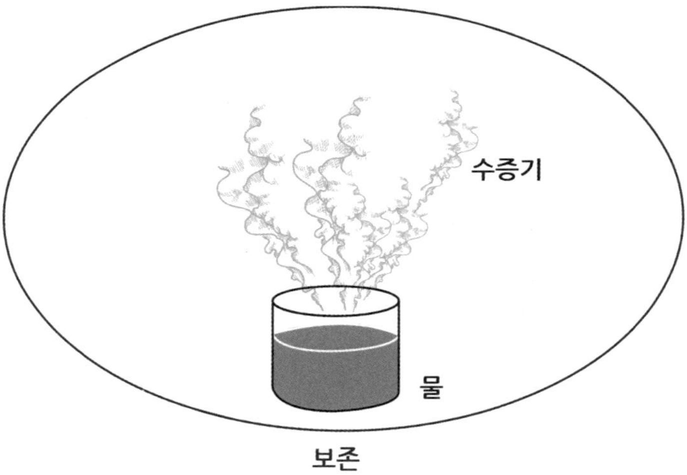

그 후에 크세노파네스(Xenophanes, B.C. 570～480)는 모든 만물의 기본을 흙이라고 주장하였다. 그가 말하는 흙은 단단한 형태의 고체(solid) 상태를 의미한다. 가장 쉽게 관찰할 수 있는 고체 상태를 만물의 근본으로 주장한 철학자가 가장 늦게 나타났다는 것은 흥미롭다. 하지만 대부분의 고체는 혼합물의 형태여서 만물의 근본으로 보기에는 어려움이 있다.

그가 말한 고체 상태는 가장 안정적으로 바닥(아래)에 위치하기 때문에 물질의 기본 속성 중 하나인 질량의 의미를 가지는 것일 것이다. 뉴턴이 만유인력을 통해 물체의 운동을 설명할 때, 지구가 잡아당기는 힘을 찾아낸 것은 흙으로 표현되는 지구의 기본적인 속성을 찾은 것이다. 따라서 크세노파네스는 최초로 물질의 속성 중 질량, 혹은 무거움의 원인인 중력의 개념을 출발시켰다고 할 수 있다.

물질의 기본으로 오늘날 물질이 아닌 에너지를 선택한 철학자도 있다. 사실 물질과 에너지를 구분하는 것은 근대 이후에 가능하였다. 따라서 불을 물질로 오랫동안 생각하였으나, 불은 매우 불안정한 물질이었다.

헤라클레이토스(Herakleitos, B.C. 541~475)는 만물의 기본을 불이라고 보았는데, 이는 모든 고체, 액체, 기체 상태는 불에 의해 변화되었기 때문이다. 따라서 변화되는 물질보다는 변화를 일으키는 원인인 불을 물질의 근본으로 생각한 것이다.

탈레스의 물, 아낙시메네스의 공기, 크세노파네스의 흙은 물질의 세 가지 상태를 의미하고, 헤라클레이토스의 불은 물질의 세 가지 상태를 변화시키는 원인이라고 할 수 있다.

세월이 흐르면, 과거 사람들의 생각을 정리하여 더 풍부한 생각으로 발전하게 된다. 엠페도클레스(Empedokles, B.C. 483~435)는 그 전의 철학자들이 물질의 근본을 하나로만 정하려는 생각에서 벗어나, 물, 공기, 흙, 불, 이렇게 4 가지가 모두 물질의 기본이라고 주장하였다. 드디어 1 원소설에서 벗어나 4 원소설이 된 것이다.

4 원소설이 되면서, 원소의 관계에 대한 생각도 할 수 있게 되었다. 그는 4 원소가 사랑(끌어당김)하거나 미워함(밀침)의 관계를 가진다고 생각하였다. 그리고 4 원소와 두 힘의 혼합에 의해 다양한 만물이 생겨나게 된 것이라고 보았다.

물질 사이의 잡아당김과 밀침의 관계는 오늘날 힘의 기본이 되는 생각이다. 전자기력에서 전기력이나 자력은 같은 극끼리 밀치고 다른 극끼리 잡아당긴다. 중력에서는 잡아당기는 힘만 있다. 자연 현상에서 관찰되는 가장 중요한 두 힘인 전자기력과 중력이 이렇게 밀치는 힘과 잡아당기는 힘만으로 구성되어 있는 것이다. 이와 같은 생각을 그리스 철학자가 시작하였고 오늘날까지도 그 생각이 지속된다는 것은 놀라운 일이다.

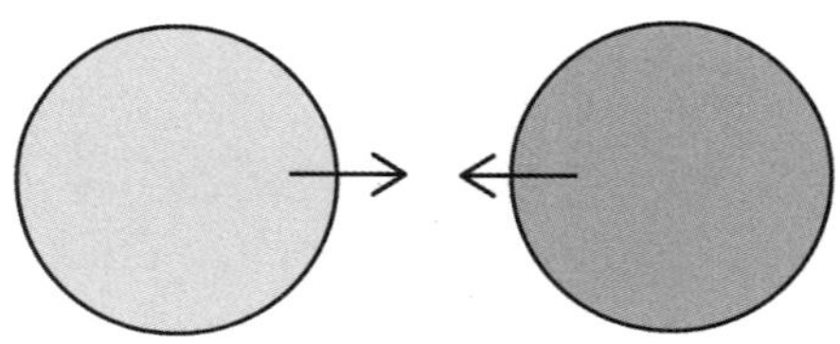

끌어당김

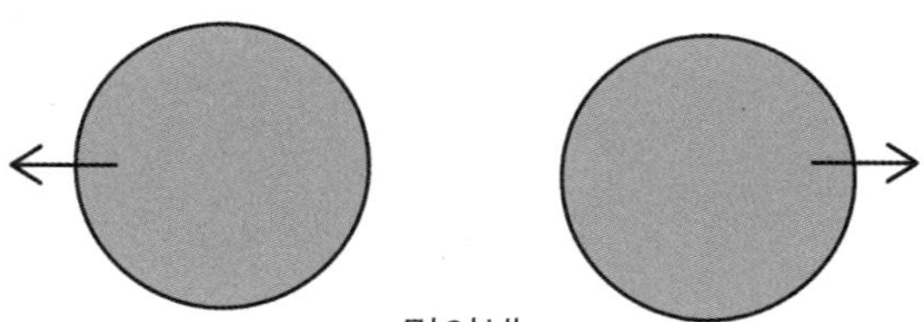

밀어냄

물질의 근본에 대한 그리스 철학자들의 생각은 오늘날 초등학교 3학년과 중학교 1학년에서 화학 단원으로 가장 처음 나오는 물질의 상태와 에너지 단원에 그대로 제시된다. 즉, 이 세상의 물질은 고체, 액체, 기체의 3 가지 상태로 구성되어 있고, 이들 상태를 결정하는 것은 에너지(온도)이다. 또한 분자운동 단원에서 공기를 구성하는 매우 작은 입자들은 서로 충돌하면서 밀치는 힘을 가진다. 그리고 초등학교와 중학교의 물리 단원에서 질량을 가진 물질은 서로 잡아당기는 힘을 가지며, 자석은 서로 같은 극끼리 밀치는 힘을 가진다는 것을 설명한다.

많은 과학 선생님들이 학생들의 이해를 돕기 위해서 밀치는 힘을 서로 싫어하기 때문이라고 소개하고, 잡아당기는 힘을 서로 좋아하기 때문이라고 소개한다. 이렇게 다시 살펴보면, 그리스 시대 철학자들이 만물의 근본에 대해 생각했던 내용이 하나도 변하지 않고 수천 년간 전달되어서 오늘날 과학 교과서에서도 동일한 생각을 가르치고 있다는 것을 알 수 있다. 화학의 역사를 잘 알면 오늘날 첨단 화학도 잘 이해할 수 있는 것이다!

제 5의 원소, 에테르!

플라톤(Platon, B.C. 427~347)은 물질의 근원으로 물, 공기, 흙, 불 이외에 제 5원소인 **에테르(aither)를 제안**하였다. 에테르는 지상이 아닌 천상의 물질을 구성하는 근원이다.

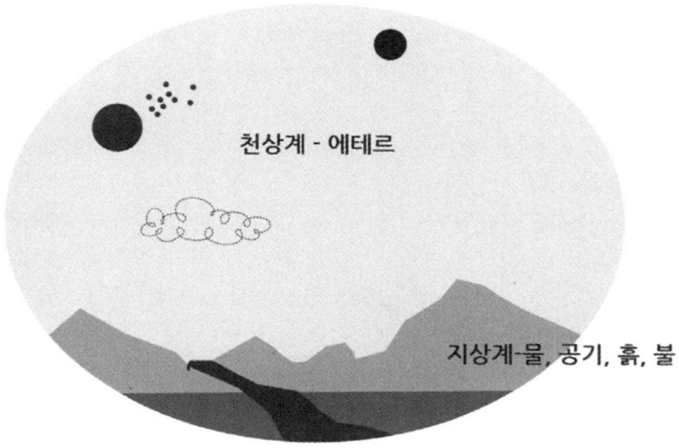

불완전하고 쉽게 변하는 지상의 물질과 달리 천상의 물질은 영원히 변하지 않고 완전하기 때문에 천상계를 구성하는 물질은 지상계와 달라야 한다고 생각했기 때문이다.

오랜 세월이 흐른 후, **갈릴레이**(Galileo Galilei, 1564~1642)가 망원경으로 달과 목성을 관찰하였을 때, 에테르로 이루어 졌다고 믿은 달이 완벽한 모습이 아니라 분화구가 보일 정도로 울퉁불퉁한 표면을 가졌다는 사실에 깜짝 놀랐다. 그의 발견은 에테르의 존재를 믿지 않게 되는 첫 출발이었다. 그 후 **마이컬슨**(Michelson, Albert Abraham, 1852~1931)이 에테르를 측정하려다가 에테르가 없다는 것을 증명하면서 에테르의 존재에 대한 믿음은 사라지게 되었다.

오늘날 과학적 사고에 가장 큰 영향을 미친 아리스토텔레스(Aristoteles, B.C. 384~322)는 자연 현상을 이해하기 위해 경험적 관찰을 중요하게 생각하였다. 그는 수많은 물질의 특성으로부터 4가지 성질들을 찾아내었다. 이것은 차가움, 따뜻함, 건조함, 축축함이다. 이러한 성질을 4 원소들과 연결하여, 불은 따뜻함과 건조함, 공기는 따뜻함과 축축함, 흙은 차가움과 건조함, 물은 차가움과 축축함으로 설명하였다.

그는 4 원소가 근본이 아니라, 4 원소의 성질을 나타내는 보다 근본이 되는 원인자가 있다고 생각한 것이다. 이것은 오늘날 주기율표의 원소가 물질의 근본이 아니라, 원소를 구성하는 보다 근본이 되는 소립자, 즉 쿼크나 바리온, 렙톤과 같은 물질이 있다고 주장하는 것과 비슷하다. 이렇게 물질의 근본에 대한 사고를 점점 더 깊이 있게 발달하는 것이다.

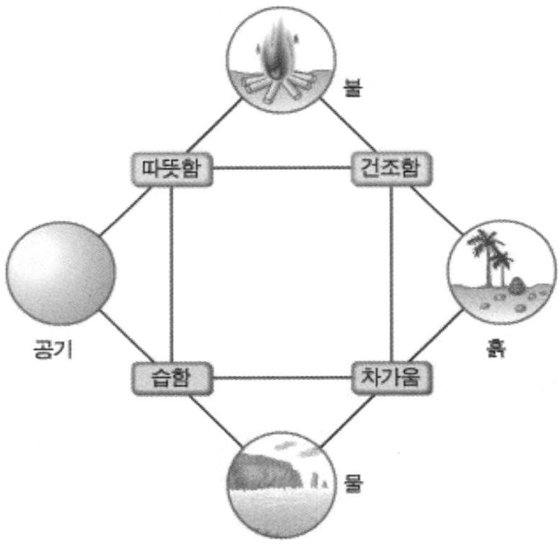

아리스토텔레스의 4 원소설을 이용해 물질의 상태변화를 설명하였다. 예를 들어, 물에 불이 작용하면 불의 따뜻함이 물의 차가움을 이기고 '변화' 시켜서 공기가 된다. 공기는 물과 달리 불처럼 따뜻하지만, 물의 성질인 습함 (축축함)이 남아 있다. 이러한 일부 성질의 변화로 물에 열을 가해서 수증기로 상태변화 하는 것을 설명한 것이다.

그리고 이러한 상태 변화는 각 원소가 가진 성질 중 우월한 성질이 열등한 성질을 이긴다고 보았는데, 이는 멘델이 상상한 우성과 열성의 유전자 개념과도 매우 유사하다. 두 유전자가 만나면 우세한 유전자인 우성이 발현되어서 자손이 우성을 보인다는 것이다. 아마도 아리스토텔레스의 생각은 화학의 상태변화 이론 뿐 아니라 유전학에도 영향을 미친 것으로 보인다.

아리스토텔레스의 또 다른 업적은 그가 최초로 물질의 화학변화에 관련된 생각을 하였다는 것이다. 그가 설명한 4 원소설에는 원소들의 새로운 조합에 대한 내용이 있다. 이는 오늘날 원자들은 변하지 않지만, 원자들의 새로운 조합으로 새로운 성질을 나타내는 물질이 만들어진다는 화학변화의 사고와 같다. 이러한 아리스토텔레스의 물질관은 중세의 연금술사들에게 큰 영향을 주어서 다양한 원소의 조합으로 귀한 원소, 즉 금이나 은을 만들어 보려는 시도를 하게 만들었다.

하늘 아래 새로운 생각 !

역사를 공부하다 보면, 하늘 아래 새로운 생각은 없고, 생각은 계속 돌고 돈다는 것을 깨닫게 된다. 하지만 도는 과정에서 항상 조금씩 새로운 생각이 추가되는 것도 깨달아야 한다.

얼마 전에야 물질을 세 가지 상태로만 구분하는 것이 틀렸다는 것을 알게 되었고, 그걸 발견한 사람은 노벨화학상을 받았다. 물론 그 전에도 스마트폰의 액정과 같이 고체와 액체 중간 상태도 있고, 플라스마처럼 액체와 기체의 중간 상태가 있다는 것을 알고 있었지만, 이는 매우 특수한 상태로 가정하였다.

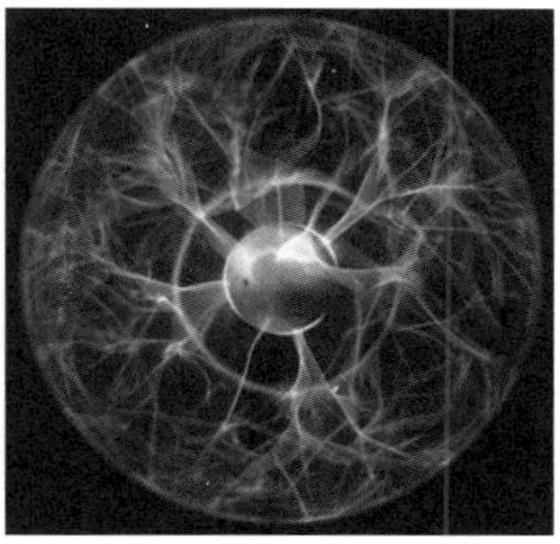

그러나 2011년 노벨 화학상을 받은 이스라엘 테크니온 공과대학의 셰흐트만(Daniel Shechtman, 1941 ~) 교수는 규칙적인 결정이 아니면서 질서 있는 배열을 하는 준결정 상태를 발견하였다. 준결정은 규칙적이지 않고 공간이 많아 마찰력이 작다. 그래서 오래 견디고, 열이나 전기가 잘 통하지 않아서 표면에 다른 물질이 잘 달라붙지 않는다. 이러한 특성을 이용하여 코팅의 재료나 엔진을 보호 재료, 외과 수술용 바늘 등을 만드는 신소재로 떠오르고 있다.

뛰어난 과학자도 깨지 못한 고정관념 !

화학에서 가장 뛰어난 과학자 2 사람 중 한 사람은 프랑스 과학자 **라부아지에**(Lavoisier, 1743~1794)이다. 그는 정량적인 물질의 규칙성을 발견하여 근대 화학의 혁명을 일으키고, 연소 현상에서 산소의 발견 등 많은 화학의 발전을 이루었다.

그러나 그는 고대 그리스 철학자들의 물질의 근본에 대한 생각에 영향을 받아서 고정관념을 깨지 못하였다. 그래서 불을 물질로 이해하였다. 그는 물질이라면 질량이 있어야 한다는 생각하여, 음의 질량으로 표현된 플로지스톤설을 깨고 새로운 학설인 산소설을 주장했다. 하지만 질량을 측정할 수 없었던 불이 물질이라는 사고를 버리지 못하여 열소라는 원소의 존재를 가정하였다. 이것은 그가 화학에서 남긴 가장 큰 사고의 오류 중 하나이다.

또 다른 한 사람은 1954년 노벨 화학상과 1962년 노벨 평화상을 받았던 **폴링**(Linus Carl Pauling, 1901~1994)이다. 그는 화학 결합의 기초를 만들고, 전기 음성도, 공유 결합 반지름, 이온 반지름 등의 현대 화학의 기본이 되는 많은 개념을 만들었다. 하지만 준결정을 발견한 세흐트만 교수에게 "이 세상에 준결정은 없다. 준과학자(엉터리 과학자)만 있을 뿐이다."라고 말하였다. 폴링이 그리스 철학자들의 사고인 물질의 세가지 상태에 대해 얼마나 신뢰를 하였는지 이를 통해 알 수 있다. 그래서 세흐트먼 교수는 노벨상을 받은 후에 "내가 오랜 세월을 두고 배운 핵심적인 교훈은, 좋은 과학자란 겸손하고 다른 사람의 말을 경청하는 사람이며, 교과서에 있는 지식을 100% 확신하지 않아야 한다는 것이다."라고 말하였다. 하지만 이런 역사는 알아야 한다.

02 보일

진공은 존재한다!

고대 그리스 철학자로부터 시작된 물질의 근원에 대한 생각은 중세까지도 변하지 않았다. 하지만, 그리스 철학자들의 생각은 객관적인 실험 결과로부터 만들어진 것이 아니다. 아리스토텔레스의 영향을 받은 중세 연금술사들도 싸구려 금속으로부터 금과 은 같은 비싼 금속을 만들어 보려고 노력하였지만, 매번 실험에 실패하면서도 다양한 실험에 대한 객관적인 결과를 모으려는 시도는 하지 않았다.

실험으로 증명되지 않는 과거의 이론에 반기를 들고, 실험과 관찰에 근거하여 이론을 만들어야 한다고 주장한 과학자가 보일(Robert Boyle, 1627~1671)'이다. 영국에서 태어난 그는 젊은 시절에 유럽을 여행하면서 이탈리아의 과학자 갈릴레이(Galileo Galilei, 1564~1642)에 대해 알게 되었다. 그리고 그의 제자인 토리첼리(Evangelista Torricelli, 1608~1647)의 실험에 대해서도 알게 되었다.

그 당시 광산업자들이 땅 속의 광물을 캐는 과정에서 물이 고이면 이 물을 퍼 올리기 위해 펌프를 이용하였다. 펌프를 작동시키기 위해서는 마중물(빈 펌프질을 하면 공기가 새어 나가서 물을 뽑아 올릴 수 없지만, 소량의 마중물을 미리 붓고 펌프질을 하면 피스톤의 빈 공간을 물이 밀폐시켜 주어 물이 올라오게 된다.)을 넣고 물을 뽑으려고 하였는데 아무리 성능이 좋은 펌프를 사용해도 끌어올릴 수 있는 물의 높이는 10m이상 밖에 안 되었다. 따라서 10m보다 깊은 곳의 광물은 캐내기가 어려웠다.

광산업자들은 그 당시 유명한 과학자였던 갈릴레이에게 이 문제를 해결해 달라고 부탁하였지만 갈릴레이는 그 문제를 해결하지 못하였다. 이 문제는 그의 제자인 토리첼리가 해결하였다.

그는 길이 1 m의 유리관에 수은을 채우고, 이것을 수은 용기 속에 거꾸로 세우면 관 속의 수은주가 76 cm 높이까지 내려간 곳에서 멈추는 것을 관찰하였다. 그리고 유리관의 윗부분에 생긴 아무 것도 없는 부분을 '토리첼리의 진공'이라고 불렀다. 그 당시 진공의 존재를 아무도 몰랐기 때문에 이렇게 아무 것도 없는 것을 실험으로 만들어 내었다는 것은 매우 신기한 일이었다. 이 신기한 현상을 토리첼리는 '관 속의 수은이 높이를 유지하는 것은 아래 용기에 담겨진 수은의 표면을 눈에 보이지 않는 공기가 누르고 있기 때문이다'라고 생각하였다.

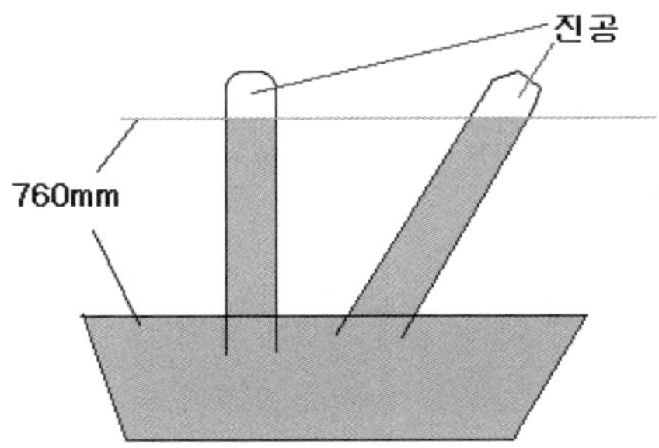

수은으로 가득 찬 용기

하지만 많은 사람들은 아무 것도 없는 진공을 믿기 어려웠다. 신은 완벽한 자연을 만들었기 때문에 아무 것도 없는 진공은 있을 수 없다고 생각한 것이다. 진공과 눈에 보이지 않지만 공기가 존재하는 것을 증명하기 위해 1654년에 독일의 물리학자인 게리케(Otto von Guericke, 1602 ~ 1686)는 매우 신기한 실험을 하였다.

게리케는 두 반구를 붙여 놓은 후 진공 펌프로 반구 속에 있는 공기를 빼어 내었다. 그러고 나니, 이 두 반구를 떼는데 16마리의 말의 힘이 필요하다는 것을 알게 되었다. 진공을 누르는 공기의 압력이 이렇게 크다면, 무거운 수은 기둥을 눌러서 그만큼 높이로 세울 수 있을 것이다. 공기의 압력 크기는 16마력이라고 부를 수도 있지만, 각 말의 힘이 서로 다르기 때문에 보다 정확하게 이 공기가 누르는 힘의 크기를 표현하기 위하여 공기가 누르는 수은(Hg) 기둥의 높이가 760mm이므로 760mmHg라는 단위로 표현하기도 한다.

보일은 '토리첼리의 실험'과 '게리케의 실험'을 통해 진공의 존재를 믿게 되었다.

하지만, 그 당시 물질관으로는 진공은 존재할 수가 없었다. 당시 사람들은 '완벽한 신이 아무것도 없는 것을 만들지 않았을 것이다.' 라는 생각을 가지고 있었기 때문이다. 그 당시까지도 자연 현상을 설명하는 데에 신의 존재가 큰 영향을 미쳤다. 그러나 펌프로 공기를 뽑아냈다는 것은 빈 공간(진공)의 존재를 증명하는 것이다. 만약 진공이 존재하지 않는다면, 공기들로 꽉 채워진 공간에서 진공 펌프로 공기를 빼내면 당연히 공간은 사라져야 한다. 하지만 공기가 빠진 공간은 여전히 그대로 있었기 때문이다.

빈 공간의 존재는 물질의 근원에 대한 새로운 생각을 만들어 내었다. 즉, 눈에 보이지 않는 매우 작은 입자들이 있을 것이라는 사고이다. 그리고 이 입자들 사이에는 빈 공간이 있을 것이라고 보일은 생각하였다.

그는 공기가 들어 있는 유리관에 수은을 넣어 밀폐시킨 다음, 수은의 양을 변화시켜 압력에 따른 공기 부피의 변화에 대한 실험을 하였다. 실험결과 '공기의 부피는 압력에 반비례한다.'라는 보일의 법칙(1662년)을 발표하였다.

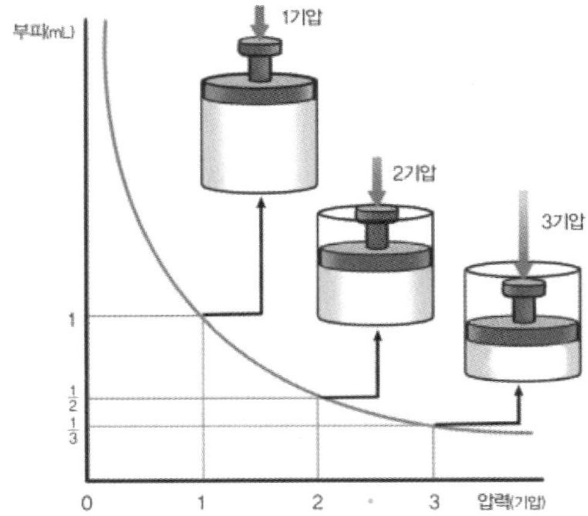

그의 법칙은 오늘날 너무나 당연하게 받아들여지지만, 그 당시에는 매우 혁신적인 것이었으며, 많은 사람들이 보일의 주장을 믿지 않았다.

보일은 눈에 보이지 않는 기체들이 매우 작은 입자들로 만들어져 있을 것이라고 생각하였다. 그리고 이 입자들이야 말로 물질을 구성하는 근원이라고 생각하였다. 그는 입자들 사이에는 진공이 있고, 기체를 누르면 입자는 그대로 있지만 입자들 사이의 진공이 줄어든다고 생각하였다. 그 당시 다른 사람들은 공기가 말랑말랑한 스펀지 같은 물질로 채워져 있고, 누르면 스펀지가 납작해지는 것처럼 줄어드는 것이라고 상상하였다. 이런 사람들의 사고를 깨기 위해서 보일은 회의적 화학자(The Sceptical chemist, 1661년)'라는 책을 썼다. 그리고 자신의 생각을 '입자설'이라고 불렀다.

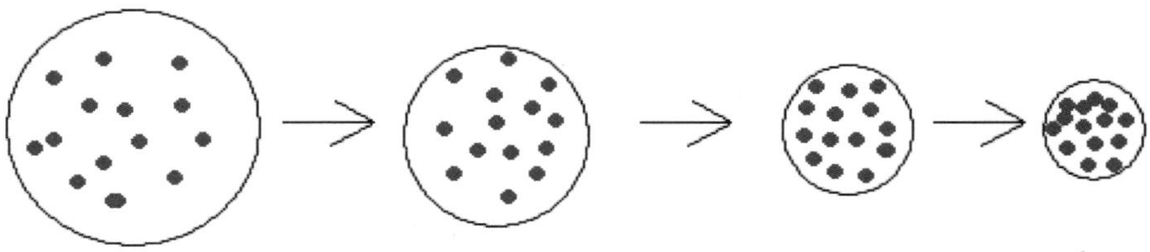

공간이 좁아질수록 입자사이의 간격이 좁아진다.

보일은 운이 좋게 게리케의 실험으로 이러한 새로운 사고가 가능하게 되었다. 게리케가 아니었더라면 자신의 입자설을 설명하기 위해 진공을 만들어야겠다는 생각을 하지 못했을 것이다. 이와 같이 과학자들의 사고 확장을 위해서는 다른 과학자들의 도움이 필요하며, 누군가가 주는 신호가 도움의 신호라는 것을 정확히 인지할 수 있는 준비된 안목도 중요하다.

한편, 프랑스 화학자 레무리(Nicholas Lemery, 1645~1715)와 같은 사람은 그 당시에도 여전히 연금술사들의 3원소설에 물과 흙을 합쳐 5원소 가설을 주장하였다. 또한 영국의 화학자 캐번디시(Henry Cavendish, 1731~1810)는 전기 불꽃을 일으켜 물을 합성하였지만, 이 현상을 아리스토텔레스의 4원소 변환설로 해석하여 불이 물로 변환된 것이라고 보았다.

새로운 과학이론이 필요하다.

보일 [1)]

원소설이 옳다

그 당시 다른 과학자

입자설에 대한 보일의 생각은 그 후 100년 이상의 세월 속에 묻혀 있다가 같은 영국의 과학자인 돌턴(John Dalton, 1766 ~ 1844)에 의해서 비로소 원자설로 빛을 보게 되었다.

1) 그림출처 : http://terms.naver.com/entry.nhn?docId=389310&cid=41978&categoryId=41985

03 프리스틀리

실험에 대한 해석은 자유롭다.

불에 잘 타는 물질을 태우면, 대부분의 경우 재만 남고 사라진다. 남은 재는 본래 물질보다 그 양이 매우 작다. 우리가 "한줌의 재로 변한다."라고 이야기 할 때, 이는 재로 변하면서 매우 작은 양이 되는 것을 비유한 것이다.

이런 상식을 토대로 자연 현상을 설명하게 되면, 타는 현상을 의미하는 '연소'는 "물질에서 무엇인가 빠져나가고 재가 남는 것이다."라고 표현하는 것이 자연스럽다. 그래서 오랜 동안 연소의 개념은 이렇게 설명되었다. 그런데 그 '무엇인가'를 정의할 필요가 있었기 때문에 이 이름을'플로지스톤'이라고 불렀다. 이때 플로지스톤은 그리스어로 '불꽃'이라는 의미를 가진다. 그러니까 연소는 "물질에서 플로지스톤(불꽃)이 빠져 나가고 재만 남는 것"이다.

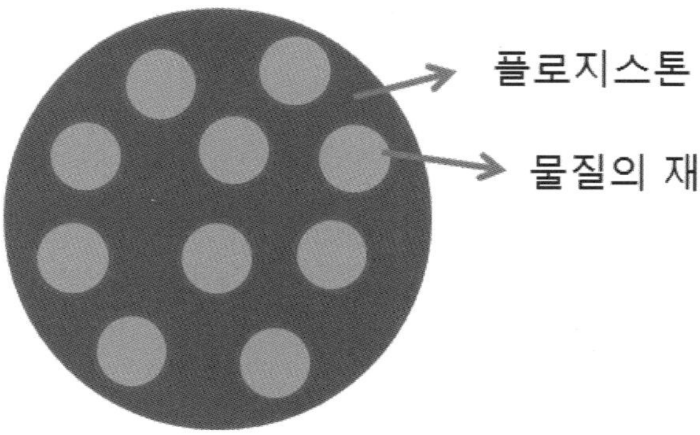

연소하기 전 물질의 상태

과학자는 자연 현상이나 실험 결과를 이론에 근거하여 해석하려고 노력한다. 그러나 이론은 매우 다양하기 때문에 어떤 이론을 선택하느냐에 따라 해석은 달라진다. 비록 보일이 진공의 존재를 실험으로 증명하고 물질을 구성하는 매우 작은 입자의 존재를 주장하였지만, 보일 다음 세대에 태어난 슈탈(Georg Stahl, 1659~1734)은 보일의 이론을 버리고 원소설을 토대로 이 현상을 설명하였다.

슈탈이 관찰하기에는 형태와 무게를 가진 물질이 불에 타면 무언가 가벼워진 것이 하늘로 올라가고 가벼운 재만 남는다. 그래서 그는 연소 현상을 '흙과 불이라는 두 원소가 만나 공기라는 다른 원소가 되는 것'으로 설명하였다. 다시 말하면 흙과 공기로 된 물질이 불을 만나서 타게 되면 공기가 빠져나가고 흙만 남게 되는데, 그것이 바로 재인 것이다.

이때 플로지스톤은 연소 과정에서 사라지거나 생성되지 않는다. 그리고 다른 물질로 분해되지 않는 근본 물질로 보았다. 물질의 근본은 사라지지도 않고 새로 생기지도 않지만, 이러한 원소들이 결합하거나 분해되면서 새로운 물질이 만들어진다고 해석한 것이다. 이러한 해석은 오늘날' 사라지지도 않고 새로 생기지도 않는 원자들의 재결합으로 새로운 물질이 만들어지는 화학 변화'에 대한 사고의 출발이 되었다.

이러한 그 당시 과학자들의 해석은 오늘날 연소에 대한 해석인 '공기 중의 산소와 결합하여 산화물을 만드는 과정'과는 매우 다르다. 플로지스톤설에 의하면 플로지스톤이 빠져나가는 것이 연소 현상인데, 오늘날 해석에 따르면 '공기 중의 산소와 결합하는 것'이기 때문에 반응의 방향이 정반대인 것이다.

오늘날 산소설로 바뀐 이유는 금속의 경우에는 연소 후에 금속재의 무게가 더 늘어났기 때문이다. 플로지스톤으로 연소 현상을 설명하였던 과학자들은 금속에 들어있는 플로지스톤은 음의 질량을 가진다고 생각하였다. 그렇게 되면 플로지스톤이 빠져 나온 후에는 가벼워지게 된다.

4 원소설에 따르면 공기나 불은 가볍거나 질량이 없는 것처럼 보였기 때문에 그 당시 원소들의 결합으로 만들어지는 물질의 질량변화는 과학자들에게 중요한 부분이 아니었다.

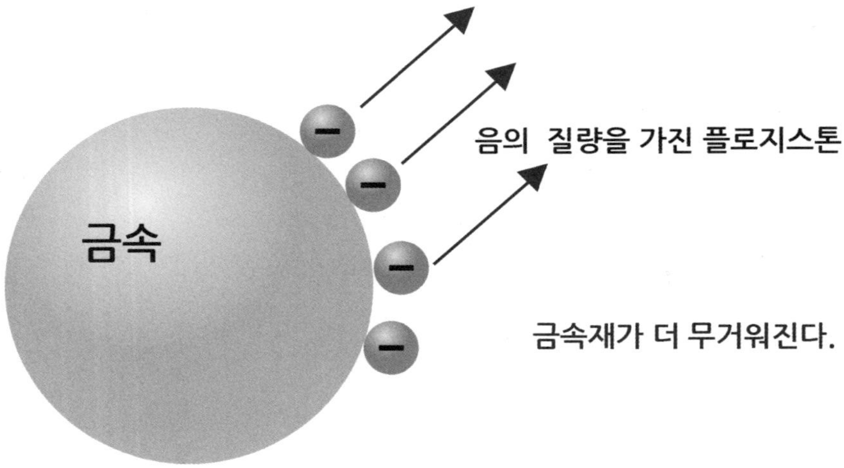

하지만 정밀한 저울을 가지고 화학반응 전후의 질량이 같다는 '질량보존의 법칙'을 발견한 라부아지에(Antoine Lavoisier, 1743~1794)는 이 현상을 다르게 생각하였다. 그는 "과연 연소 후에 빠져나간다는 플로지스톤이 물질일까?"라는 의심을 가지게 되었다. 왜냐하면 물질은 무게와 부피를 가져야 한다고 생각했기 때문이다.

라부아지에는 공기를 순수한 원소로 보지 않고 다양한 기체들이 혼합되어 있는 혼합물로 보았다. 그리고 공기를 구성하는 혼합물 중 일부가 금속과 반응하여 금속재를 만들기 때문에 금속재가 무거워진다고 생각하였다. 그는 금속과 반응하는 '공기 중의 일부'를 '산소'라고 이름 붙였다.

라부아지에가 이렇게 새로운 해석을 할 수 있게 된 계기는 그 당시 영국의 과학자로 활동했던 프리스틀리(Joseph Priestley, 1733 ~ 1804)가 고안한 실험 결과 때문이었다. 프리스틀리는 플로지스톤의 성질을 알아보기 위하여 반대로 플로지스톤이 없는 공기를 만들어 보기로 하였다. 금속재는 플로지스톤이 빠져 나간 물질이고, 금속은 플로지스톤을 포함하는 물질이므로, 만약 금속재를 변화시켜서 금속으로 만들면 공기 중에 빠져나간 플로지스톤이 금속재 안으로 들어오면서 공기 중에는 플로지스톤이 사라질 것이다. 이 공기를 '탈플로지스톤 공기((Dephlogisticated air)'라고 불렀다. 마치 우리가 우유에서 지방을 빼면 탈지분유가 되는 것과 같은 원리이다.

프리스틀리는 산화된 수은재를 가열하면 다시 수은 금속이 된다는 것을 알고 있었다. 하지만 이러한 변화를 관찰하기 위해서는 공기를 고정시켜야 하는데, 그러려면 반응 그릇을 밀폐시키는 것이 필요하였다. 그래서 그는 반응 과정에서 공기가 들어오거나 빠져나가지 못하게 물로 U자관을 막는 방법을 고안하였다. 이 방법은 오늘날 세면대로 나쁜 냄새를 가진 공기가 들어오는 것을 막기 위해 사용한다. 그리고 유리 그릇 안에 있는 수은을 가열하기 위해 볼록렌즈를 이용해 태양열로 가열하는 방법도 처음 생각해 내었다.

프리스틀리는 고안한 실험 결과로 얻는 반응 그릇 속의 '탈플로지스톤 공기'에 촛불을 넣었더니 공기 중에서 보다 더 밝은 불꽃을 내면서 맹렬히 타는 것을 관찰하였다. 또한 이 공기는 동물의 호흡을 돕는다는 것도 발견하였다.

자신이 고안한 실험과 그로부터 발견한 신기한 '탈플로지스톤 공기'의 성질에 대해 라부아지에에게 프리스틀리는 친절히 소개해 주었다. 그런데 라부아지에는 프리스틀리처럼 탈플로지스톤 공기의 성질에 관심을 기울이기보다는 실험 결과에서 닫힌 그릇의 전체 무게가 변하지 않았다는 사실에 관심을 보였다. 질량보존의 법칙에 따르면, 무거운 수은재가 가벼운 수은으로 변하면서 공기의 무게가 상대적으로 무거워졌다고 해석된다. 그는 또한 반응할 때 공기의 출입을 막기 위해 그릇의 입구를 막은 물이 반응 후에 바깥으로 밀려가는 것을 관찰하였다. 이것은 공기의 무게 뿐 아니라 공기의 부피도 늘어났다는 것을 의미한다.

이러한 관찰 사실로부터 라부아지에는 '탈플로지스톤 공기'는 플로지스톤이 빠져나간 공기가 아니라 '무엇인가'가 수은재로부터 빠져나온 것이라고 해석하였다. 그리고 그 '무엇'을 산소라고 이름붙인 것이다. 많은 사람들은 산소를 과연 프리스틀리가 발견한 것인지, 라부아지에가 발견한 것인지 혼란스럽게 생각한다.

하지만, 실험을 한 것이 중요한 것이 아니라 그것을 해석하는 것이 과학에서는 더 중요하다. 따라서 산소를 발견한 사람은 당연히 '라부아지에'이다. 라부아지에는 실험 해석에 대한 성공을 통해 질량보존의 법칙을 화학이론으로 정립하고, 근대 화학 이론을 만들어 1789년에 《화학교과서》 라는 책을 출판하면서 화학의 혁명을 이끌었다.

그렇다면 이 단원의 주인공은 '프리스틀리'가 아니라 라부아지에'가 아닐까? 하지만, 그렇지 않다. 라부아지에의 혁신적인 공로에도 불구하고, 그는 실험에 대한 자신의 해석 이외의 해석도 가치가 있다는 것을 인정하지 않았다. 그래서 오늘날 프리스틀리는 '실패한 과학자'로 이해되거나 과학사 교과서에서 플로지스톤설을 소개할 때 가장 전형적으로 '착각한 과학자'로 표현된다. 하지만 그는 진정으로 과학이 무엇인지 고민하였고, 다양한 자연 현상과 실험 결과는 해석의 자유로움이 있어야 한다는 것을 깨달은 과학자이다.

프리스틀리는 과학 지식이란 캄캄한 어둠을 밝히는 빛과 같은 존재라고 하였다. 그러나 이 지식이 점점 발달하여 어둠을 몰아내고 세상에 대해 더 많은 이해를 하게 된다면, 그러한 과정에서 우리가' 지식을 통해 무시하는 영역'이 점점 더 커지게 된다는 것을 이해하여야 한다고 했다.

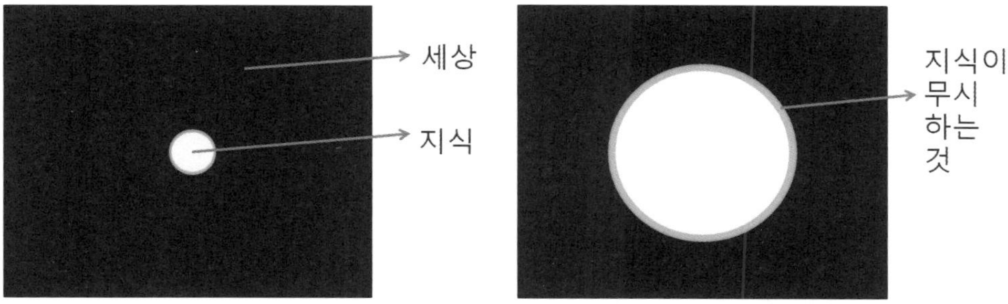

라부아지에는 자신이 발견한 '산소'로 더 많은 자연 현상을 설명하려고 하였고, 그 가운데에는 '산'의 성질을 나타내는 것이 '산소'라는 주장도 하였다. 그래서 산소는 '산을 만드는 원소'란 의미를 가진다. 그러나 오늘날 이런 주장은 틀린 것이고, 보편적으로는 '수소'를 포함해야 산이다. 또한 물질은 반드시 질량을 가져야 한다고 주장하였지만, 스스로는 질량이 없는 '열소'를 여전히 물질로 이해하고 있었다. 하지만 자신의 지식이 가지는 오류를 라부아지에는 인식하지 못하였다.

비록 프리스틀리는 자신이 고안한 실험에 대한 해석을 다르게 하여 오늘날 라부아지에처럼 유명한 과학자로 이름이 알려지지는 못했지만, 겸손한 과학자로서 과학자가 자연을 이해하기 위해 노력하는 과정에서 만든 지식의 의미가 무엇인지에 대해 잘 알고 실천하려고 노력했던 과학자였다. 그는 라부아지에의 연소에 대한 해석과 자신의 해석의 차이점을 존중하고, 같은 자연 현상에 대해 다양한 해석의 공존이 가치 있음을 스스로 알았던 과학자였던 것이다.

수많은 과학자들이 수많은 관찰을 하고 다양한 해석을 제안하는 혼돈 속에서 발달하였던 근대 화학 시대에 프리스틀리는 실험의 해석에 대한 의미를 가장 정확하게 알았던 과학자였다.

04 라부아지에 질량은 물질의 기본이다.

앞 장에서 같은 실험에 대한 다른 해석의 사례로 프리스틀리와 라부아지에를 소개하였다. 라부아지에의 가장 큰 업적은 그 당시에 활동했던 대부분의 과학자들이 믿었던 '플로지스톤설'을 버릴 수 있는 용기가 있었다는 것이다. 그러기 위해서는 남들이 다 옳다고 주장하는 것에 대해 의심을 품고 다르게 생각해 보는 것이 필요하다.

그 당시 대부분의 과학자들은 물질을 태우면서 플로지스톤이 공기 속에 꽉 차게 되면 연소 현상이 멈춘다고 생각하였다. 그러니까 연소를 통해 플로지스톤이 빠져나간 공기를 잘 밀폐하고 다시 반응시켜서 되돌리면 탈플로지스톤 공기와 원래 타기 전의 물질이 된다고 믿었다. 이러한 사고에는 화학반응의 가역성에 대한 사고가 들어 있다.

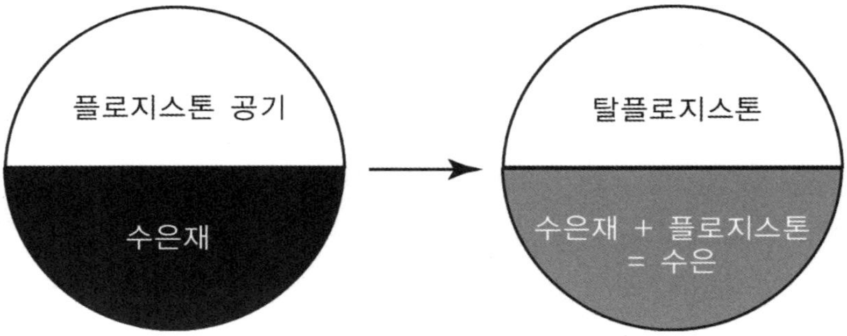

대부분의 연소 현상에서는 한번 타고 난 물질이 다시 되돌아가는 경우는 드물지만, 금속의 경우에는 이러한 현상을 쉽게 관찰할 수 있다. 따라서 금속의 연소 현상을 관찰하면서 새로운 화학 이론이 만들어지게 된 것이다.

영국의 화학자 캐번디시(Henry Cavendish, 1731~1810)는 금속 아연과 묽은 황산을 반응시켜 새로운 성질의 기체를 발견하였다. 오늘날 금속과 산이 반응하면 수소가 발생한다는 지식을 교과서에 제시하는데, 바로 그 전형적인 실험을 찾아낸 것이다. 그러나 그는 금속의 성질이나 산의 성질에 관심을 가진 것이 아니라, 반응 후 생성된 물질인 기체에 관심을 가졌다. 산소보다 먼저 발견된 이 기체가 아주 잘 타는 성질이 있음을 확인한 그는 이 기체를 '가연성 공기'라고 불렀다.

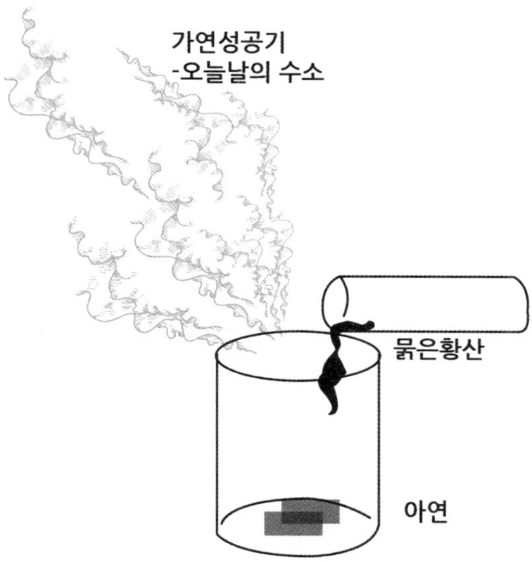

또한 그는 가연성 공기(수소)와 탈플로지스톤 공기(산소)를 반응시켜서 4 원소 중 하나인 물을 만드는데 성공하였다. 이 실험 때문에 그 당시 대부분의 과학자들이 받아들였던 아리스토텔레스의 4원소설은 점차 버려지게 되었다. 공기와 흙도 혼합물이고, 물도 다른 물질로부터 만들어질 수 있다면 물질의 근본이라고 보기 어렵기 때문이다.

이러한 상황에서 라부아지에(Antoine Lavoisier, 1743~1794)는 4 원소설을 완전히 버리기 위하여 물과 불이 만나면 흙이 된다는 4원소 변환설의 증거로 제시되었던 실험을 재현하였다. 이 실험은 유리그릇에 물을 담고 밀폐한 후에 오랫동안 불로 가열하는 것인데, 그렇게 하면 유리 바닥에 침전물이 가라앉는 것을 관찰할 수 있었다. 플로지스톤설에 따르면 이 침전물이 바로 물과 불이 만나 만들어진 흙이라는 해석이었다.

하지만 라부아지에는 가열하기 전과 후에 유리그릇과 물의 질량을 측정하여 전체 질량에 변화가 없다는 것을 확인하였고, 물의 총 질량도 변하지 않았음을 확인하였다. 따라서 침전물의 질량만큼 유리그릇의 질량이 줄어들 수밖에 없고, 이 침전물은 결국 유리에서 생겼음을 밝혔다.

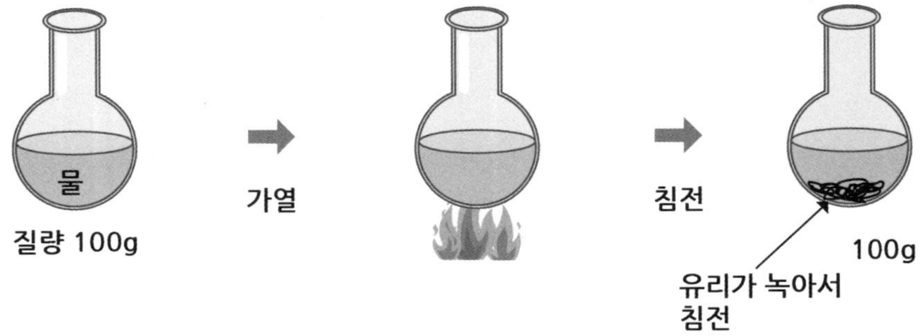

시대적으로 영국의 과학자 뉴턴(Isaac Newton, 1643~1727)이 물질의 질량을 통해 뉴턴 역학을 제안하고 과학의 혁명을 일으킨 것이 라부아지에가 질량에 대한 사고를 도입하여 화학의 혁명을 일으키게 된 계기를 마련해 주었을 것이다. 이렇게 역사적으로 볼 때 혁명적인 사고는 한 개인 과학자의 능력 때문이 아니라, 관련된 과학자들의 다양한 발견과 연결된다.

하지만, 많은 과학자들은 실험 결과 중에서 자신이 가장 관심 있는 현상에만 초점을 두어 해석하는 경향이 있다. 라부아지에는 모든 화학반응에서 질량의 변화에 가장 큰 관심을 기울였던 과학자였다. 한편 그 당시 다른 대부분의 과학자들은 질량보다는 물질의 성질에 더 관심을 기울였기 때문에, 라부아지에는 다른 과학자들은 놓쳤던 과학 이론을 찾아낼 수 있었던 것이다.

라부아지에[2]

과학의 발전에는 도구의 발달이 매우 중요한 역할을 한다. 라부아지에는 그 당시 매우 귀한 실험 장치인 정밀한 저울을 가지고 있었다. 이러한 실험 장치를 구입하고 유지하는 것은 많은 돈이 들지만, 다행히 라부아지에는 이러한 실험 장비를 갖출 수 있는 재력가였다. 아마도 그 당시 다른 과학자들이 질량에 관심을 기울이지 못한 이유 중에는 정밀한 질량 측정 도구를 구할 수 없었기 때문일 지도 모른다. 측정 도구와 과학적 발견은 매우 밀접한 관련을 가진다.

하지만 라부아지에는 비싼 실험 장비를 구입하기 위하여 많은 돈이 필요했기 때문에 세금징수관이란 직업을 가졌고 이로인해 프랑스 대혁명이 일어나자 체포되어 사형을 당했다.

2) 그림출처 : http://ch.yes24.com/Article/View/31360

결정에 대한 상식을 깨고 발견한 준결정!

오랫동안 과학자들은 고체 결정을 항상 같은 모양의 다각형이 계속 연결되는 형태일 것이라고 생각하였다. 그리고 삼각형이나 사각형, 육각형 등은 반복을 통해 결정을 만들 수 있는 구조이지만, 오각형은 내각이 108°이기 때문에 아무리 연결해도 평면에서 고체의 결정형태를 만들 수 없다고 생각하였다. 그리고 이러한 생각을 대부분 의심하지 않았다.

그런데 자신이 만든 합금의 결정 구조를 전자현미경으로 관찰하던 셰흐트만(Dan Shechtman, 1941~)교수는 이러한 상식을 깨고 결정구조에서 오각형의 모습을 관찰하였다. 평면을 같은 크기의 5각형으로 채우는 것은 불가능하지만, 3차원에서는 두 개의 다른 마름모꼴을 일정한 법칙에 따라 배열하면 그 배열이 5회 대칭구조를 나타내는 것이다. 배열 전체를 보면, 각각의 마름모꼴은 불규칙하게 보이지만, 자세히 관찰하면 분명히 5회 대칭구조가 보인다. 이래 그림에서 여러분은 5회 대칭 구조가 보이는가?

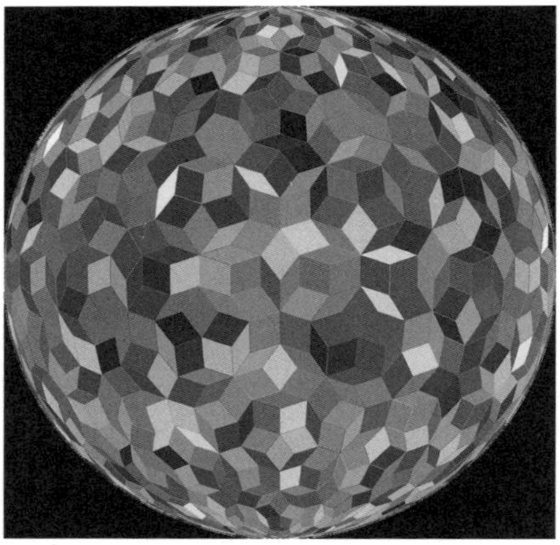

3)

3) 그림출처 : https://pixabay.com/ko/%ED%8E%9C%EB%A1%9C%EC%A6%88-%EB%B0%98%EB%B3%B5-%ED%8C%A8%ED%84%B4-%EB%94%94%EC%9E%90%EC%9D%B8-%EB%A7%88%EB%A6%84%EB%AA%A8-%EB%8B%A4%EA%B0%81%ED%98%95-%EA%B8%B0%ED%95%98%ED%95%99-%EB%8B%A4%EC%B1%84%EB%A1%9C%EC%9A%B4-1817564/

준결정은 결정처럼 단단한 성질도 있지만, 비결정처럼 열과 전기를 잘 통하지 않는 성질도 있다. 그래서 면도날이나 프라이팬 코팅재, 엔진을 보호하는 단열재 등으로 사용할 수 있다.

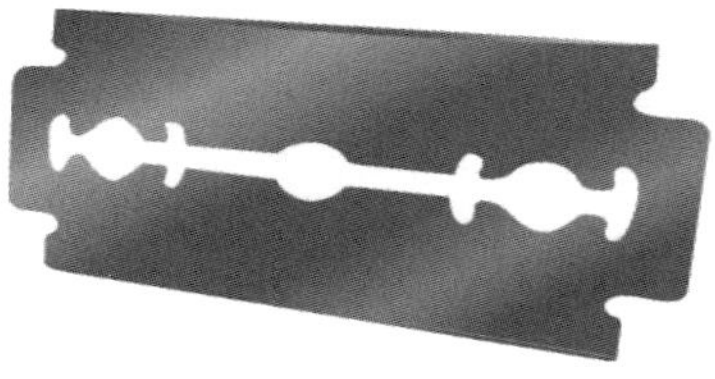

이러한 신소재의 가능성을 가지고 있는 준결정의 발견으로 인해 이제 과학자들은 이미 알고 있는 금속의 결정 모양을 원하는 방식으로 재배열하여 새로운 성질을 가지는 물질을 합성할 수 있게 되었다. 즉, 기존의 성질보다 강도가 훨씬 강하면서 가벼운 재료를 만들어서 초경량 비행기나 자동차, 미사일과 우주 왕복선, 휴대전화나 노트북, 배터리 등의 소재로 활용이 가능해진 것이다.

드디어 아리스토텔레스의 4 원소설을 깨고, 1789년에 라부아지에는 '우리들이 현재 어떤 수단을 사용하여도 그 이상으로 분해할 수 없는 물질'을 원소라고 새롭게 정의하였다. 그리고 이 정의에 따라 자신이 분리한 33종의 물질을 선택하여 최초로 원소표를 작성하였다.

라부아지에 원소표 [33개]

1 그룹(5개)

- 동식물 및 광물계에 포함된 원소

예) 산소, 수소, 질소, 빛, 열

2 그룹(6개)

- 산화되어 산을 만드는 원소

예) 황, 인, 탄소, 염소, 플루오르, 붕소

3 그룹(17개)

- 산화되어 염기를 만드는 금속 원소

예) 안티몬, 은, 비소, 비스무트, 코발트, 구리, 주석, 철, 망간, 수은, 몰리브덴, 니켈, 금, 백금, 납, 텅스텐, 아연

4 그룹(5개) – 염을 만드는 원소

예) 생석회(산화 칼슘), 마그네시아(산화 마그네슘), 바라이트(산화 바륨), 알루미나(산화 알루미늄), 실리카(이산화 규소)

※ 이 중에서 오늘날 원소가 아닌 것 - 빛, 열, 생석회, 마그네시아, 산화 바륨, 알루미나, 실리카

라부아지에는 그 당시 발견된 기체들에게 수소(Hydrogen), 산소(Oxygen), 질소(Azote) 등의 이름을 붙여주었다. 그 당시에는 이를 '가연성 기체', '탈플로지스톤' 등과 같이 과거 원소설과 관련된 이름으로 불렀기 때문이다. 또한 '아연꽃'과 같은 이름으로 불렀던 금속재를 산소가 결합하였다는 의미에서 '산화 아연'과 같은 이름을 붙였다. 이러한 그의 업적은 화학의 기초를 정립한 것이므로 '화학의 아버지'라고 부른다.

하지만 라부아지에의 원소표에는 오늘날 원소가 아닌 빛과 열소 등이 포함되어 있다. 그는 정밀한 저울을 가지고 아주 가벼운 기체의 질량도 측정할 수 있었지만, 자신의 실험장치의 한계를 알고 있었기 때문에 더 가벼운 물질인 빛과 열소의 질량을 언젠가 실험장치가 더 발달한다면 측정할 수 있을 것이라고 기대했기 때문이다. 그가 물질이라고 믿었던 빛과 열이 물질이 아닌 에너지로 밝혀진 것은 그 후의 일이다.

05 돌턴

매우 작은 원자라도 질량이 있다.

보일의 진공에 대한 연구와 라부아지에 등 많은 과학자들의 기체에 대한 다양한 연구를 통해 점차 눈에 보이지 않는 입자의 존재를 받아들이게 되었다. 특히 이에 앞장섰던 영국의 과학자 돌턴(John Dalton, 1766~1844)은 100년 전 과학의 혁명을 일으킨 뉴턴(Isaac Newton, 1642~1727)의 영향을 받아서 눈에 보이지 않는 기본 입자에 질량이라는 특성이 있다고 가정하였다. 그런데 대부분 기체를 연구한 과학자들은 화학적 성질에 관심을 가졌지만, 돌턴은 기상학자로서 대기의 특성에 관심을 가졌다.

[4]

돌턴

4) 그림출처 : http://kids.hankooki.com/lpage/news/201110/kd20111019162935103180.htm

1803년 10월, 돌턴은 맨체스터 문학·철학협회에서 '기체의 용해도'에 관한 논문을 발표하였다. 그는 이 논문에서 '물에 대한 기체의 용해도는 기체 입자의 질량과 수에 따라 달라진다. 입자가 가볍고 간단한 기체는 녹기 어렵고, 무겁고 복잡한 기체는 물에 잘 녹는다.' 라고 주장하였다. 이 논문을 통해 돌턴은 기체가 입자로 되어 있고, 각기 다른 질량을 가지고 있다는 생각을 표현하였다.

그는 라부아지에가 원소로 분류한 기체들은 더 이상 나누어지지 않는 '원자'로 구성되어 있다고 생각하였다. 즉 원소가 '현재 어떤 수단을 사용하여도 그 이상으로 분해할 수 없는 물질'인 이유는 한 종류의 원자로 구성되었기 때문이며, 이는 마치 사과더미에서 사과를 분리해도 여전히 사과로 남아 있는 것과 같은 의미라고 돌턴은 해석하였다.

돌턴은 원자들이 사라지지도 않고 새로 생기지도 않으며, 원자들이 결합하는 방식에 따라 다양한 물질들이 만들어 진다고 생각하였다. 이러한 생각은 아리스토텔레스의 4원소 변환설과도 유사하다. 그는 라부아지에처럼 화학반응에서 질량비의 규칙성에 관심을 가졌으며, 일정성분비의 법칙, 배수비례의 법칙 등을 통해 반응할 때 원자들끼리 결합하는 질량비가 항상 일정하다는 것을 밝혔다.

돌턴의 원자 가설(1803년)

1. 자연계의 모든 물질은 더 이상 쪼갤 수 없는 원자로 이루어져 있다.
2. 모든 화학 반응은 원자들의 결합과 분리에 의해 일어난다.
3. 새로 생기는 원자도, 사라지는 원자도 없다.
4. 같은 종류의 원자는 모두 같은 형태와 크기와 질량을 가지고 있다. 원자의 질량은 화합물 안에 있는 다른 원자와 비교하여 상대적으로 결정한다.
5. 한 종류의 원자는 다른 종류의 원자와 일정한 비율로 결합하여 화합물을 만든다.

그러나 돌턴은 원자들이 서로 다른 질량을 가진다면, 무거운 원자가 아래로 내려가고 가벼운 원자는 위로 올라가서 액체 층처럼 무게에 따라 기체 입자들이 분리되지 않고, 대기의 조성비가 균일한 이유를 설명하기 어려웠다.

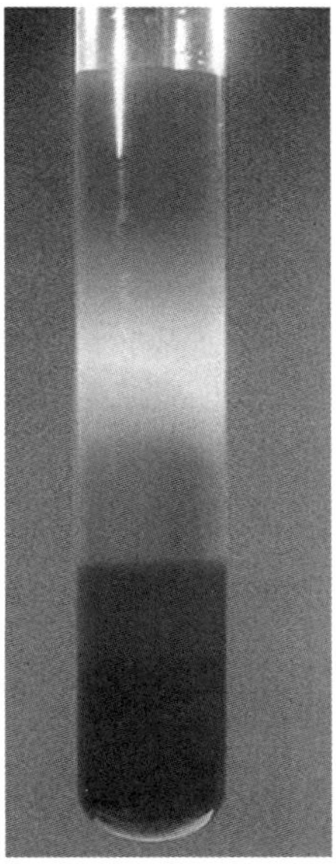
5)

5) 그림 출처 : http://mdl.dongascience.com/magazine/view/S199402N018

이 문제를 해결하기 위하여 돌턴은 관련된 연구가 필요하였다. 이와 관련된 연구로 같은 영국 과학자였던 보일(1627~1691)은 이미 기체에 압력을 가하면 부피가 줄어들고, 압력을 낮추면 기체의 부피가 팽창한다는 것을 실험으로 증명하였고, 프랑스의 과학자였던 게이뤼삭(Joseph Louis Gay-Lussac, 1778~1850)과 샤를(Jacques Alexandre César Charles, 1746~1823) 등은 기체에 열을 가하면 부피가 팽창한다는 것을 발견하였다. 또한 뉴턴은 입자 사이의 거리가 줄어들면 척력이 작용한다는 가설을 제안하였다.

이러한 연구를 근거로 하여 돌턴은 기체의 원자들은 열소를 가지고 있으며, 원자 사이의 거리가 가까워지면 열소 분위기(caloric envelopes)때문에 척력이 작용하여 서로 밀치기 때문에 같은 원자들끼리는 멀리 떨어져 있으려는 경향이 있다고 가정하였다. 그러나 이러한 척력은 같은 원자끼리만 작용하기 때문에 다른 원자들과는 균일하게 섞일 수 있다고 가정하였다. 이러한 그의 생각은 그의 노트에 잘 나타나 있다.

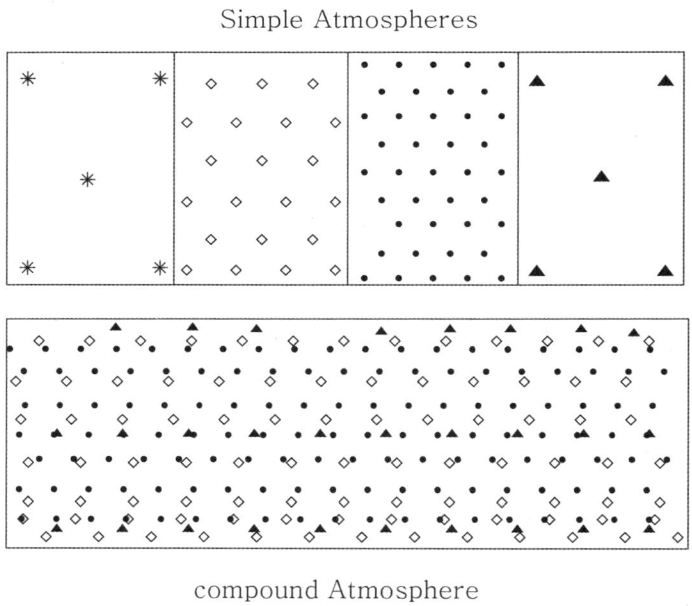

돌턴의 노트

그 당시 프랑스의 과학자들은 대기의 조성이 균일한 이유를 친화력 개념으로 설명하였다. 즉 자석이 서로 끌리듯이 서로 다른 원자들끼리 끌리기 때문에 서로 다른 질량이지만 높은 곳까지 무거운 원자가 고르게 분포한다는 것이다. 이러한 생각은 대기를 화합물로 본 것이다.

하지만 원자가 결합할 때 일정한 결합비의 규칙성을 밝힌 돌턴은 대기의 조성 비율이 원자들의 결합비와 맞지 않는다는 것을 깨닫고 대기는 화합물이 아니라 혼합물이라고 생각하였다. 그는 대기가 혼합물임을 증명하기 위하여 새로운 실험을 제안하였다. 그것은 '아주 높은 산에 올라가면' 대기의 조성비가 달라질 것이라는 가설이었다. 이러한 돌턴의 창의적인 생각을 그림으로 표현하면 다음과 같다.

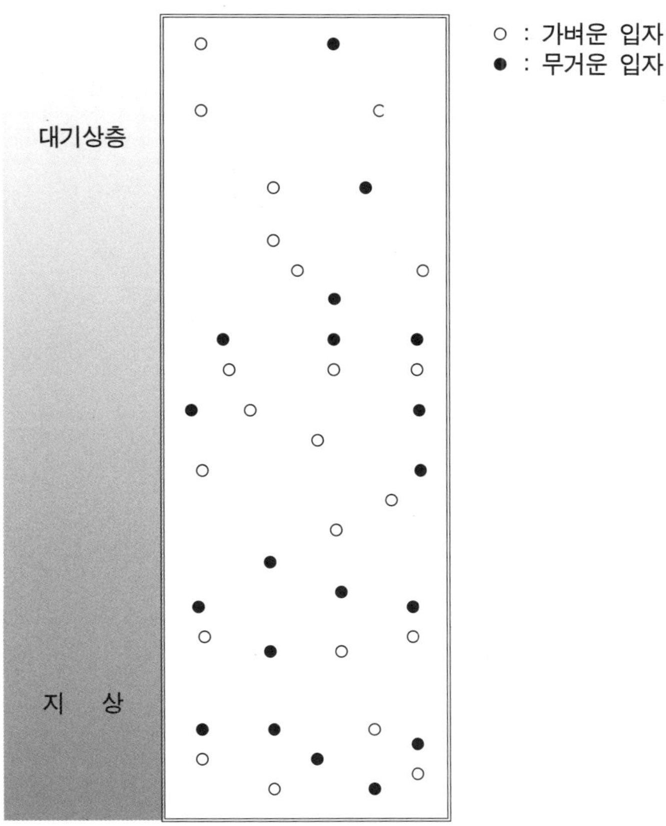

돌턴이 상상한 높은 산에서 대기의 분포

대부분 공기가 균질한 것은 스케일이 작을 때인데, 만약 스케일을 크게 본다면 대기가 혼합물이고 다양한 크기의 질량을 가진 원자들로 구성되어 있다면 질량에 따른 분리가 일어나게 될 것이라고 돌턴은 생각한 것이다.

하지만 게이뤼삭이 1805년에 열기구를 타고 상공 7천 미터까지 올라가서 대기를 조사하여, 고도가 올라가서 압력이 내려간다고 해도 공기의 구성 성분이 바뀌지 않는다는 사실을 알아냈다. 따라서 그 당시 관점으로는 돌턴의 가설이 맞지 않았다. 만약 게이뤼삭이 더 높은 곳을 올라갈 수 있었다면, 중력의 영향이 매우 작아져서 돌턴이 상상한 것처럼 매우 가벼운 수소나 헬륨으로만 이루어진 대기가 있다는 것을 알 수 있었을 지도 모른다.

그 당시 돌턴이 몰랐던 사실은 무수히 많은 입자들의 행동에는 중력과 같은 힘 뿐 아니라 엔트로피라는 개념이 필요하다는 사실이었다. 오늘날 조성이 균일한 대기를 설명하기 위하여 도입하는 대류 현상은 바로 엔트로피 개념, 혹은 확률론적 관점을 필요로 한다. 따라서 대류권에서는 항상 대기의 조성비가 균일하다.

돌턴은 앞서 설명한 것처럼 원소인 기체는 한 종류의 원자로 구성되어 있으며, 대기가 균질한 이유는 열소 분위기가 원자를 둘러싸고 있어서 각 원자 사이의 거리를 떼어 놓기 때문이라고 가정하였다. 따라서 중력이 작용해도 무거운 원자들이 대기 상층에 존재할 수 있다고 생각하였다.

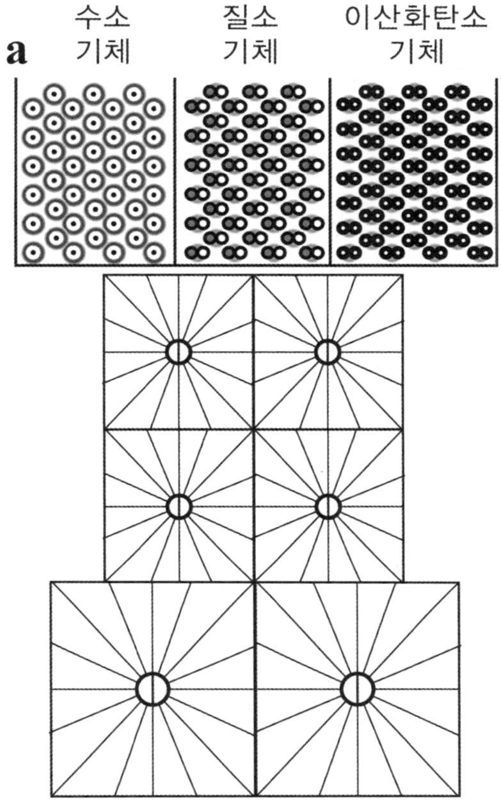

돌턴이 생각한 열소 분위기

이러한 가정 때문에 돌턴은 수소와 산소 같이 원소라고 밝혀진 기체들은 원자로 구성되어 있다는 생각을 하였다. 그리고 같은 원자 두 개가 결합한 분자와 같은 형태는 존재한다고 생각하지 못하였다. 열소 분위기 때문에 두 같은 종류의 입자는 붙을 수 없기 때문이다

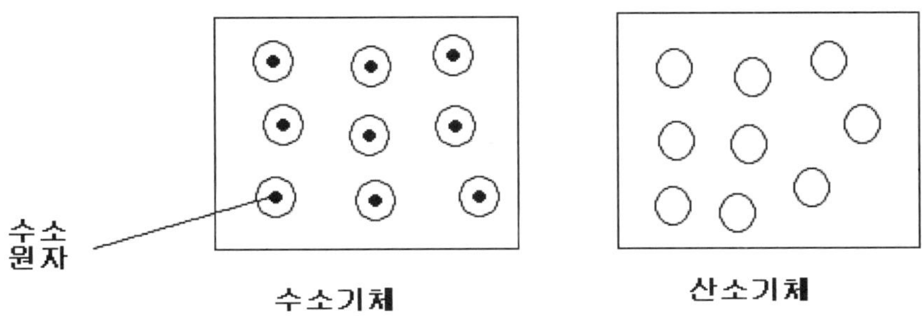

오늘날 밝혀진 바로는, 돌턴의 원자설 중 가장 큰 문제가 이것이다. 그래서 중학교에서 돌턴의 원자설을 제시할 때 "이 가설은 틀렸다."는 것도 함께 가르친다. 하지만, 그렇다면 이미 틀린 것으로 밝혀진 이론을 왜 과학 시간에 배울까?

우리가 과학 수업을 통해 학생들에게 가르치고 싶은 가장 중요한 목표는 과학자의 창의적 사고이다. 현대에 배우는 모든 이론들은 앞으로 100년 뒤에는 대부분 틀린 것으로 밝혀질 것이다. 그렇다면 영원히 맞는 이론이 나올 때까지 기다리면서 과학을 배우지 않는 것이 더 나을까?

앞서 프리스틀리가 말한 것처럼 과학 지식은 세상의 어둠을 밝히는 빛과 같다. 하지만 항상 오류를 가지고 있다. 그러므로 우리는 현대의 첨단 화학만 배울 가치가 있다고 생각하지 말고, 화학의 역사에서 어느 시점의 과학자라도 그가 찾았던 창의적인 사고의 가치를 배우는 것이 더 중요하다.

돌턴은 한 가지 연구에만 매달린 것이 아니라, 수학, 과학, 식물학, 곤충학, 기상학 등 다양한 분야의 자연과학에 흥미를 가지고 많은 연구를 하였다고 한다. 오늘날에는 그 중 한 가지 학문의 한 분야만을 평생 연구하는 과학자들도 많다. 그러나 창의적인 사고는 다양한 학문에 대한 관심으로부터 나올 수 있다. 오늘날 화학이라는 학문에서 가장 중요한 개념인 원자량의 체계를 만든 돌턴은 화학자가 아닌 기상학자로서 대기를 구성하는 입자를 상상하면서 그의 생각을 다듬은 것이다.

06 게이뤼삭

기체의 부피 속에 숨은 비밀이 있다.

라부아지에와 돌턴이 화학반응에서 질량의 규칙성에 초점을 둔 연구를 하였다면, 최초로 기체의 부피비의 규칙성을 찾은 과학자가 있었다. 사실 기체의 부피를 정확히 측정하기 위해서는 고도로 훈련된 실험 기술이 필요했는데, 프랑스 과학자 게이뤼삭(Joseph Louis Gay-Lussac, 1778-1850)은 굉장히 뛰어난 실험화학자였다.

1808년에 게이뤼삭은 전기불꽃을 일으켜 산소 기체와 수소 기체를 반응시키면, 수증기 기체가 만들어질 때 수소 기체와 산소 기체의 반응하는 부피비는 1.9989:1로, 거의 2:1임을 알았다. 이와 같은 간단한 비례 관계가 있다는 것에 놀라움을 느낀 그는 이러한 연구를 계속하여 수많은 기체의 화합반응을 조사하였다. 그 결과, 대부분의 기체들은 반응할 때 일정한 비율로 결합한다는 사실을 발견하였다. 이러한 발견을 그는 '기체 반응의 법칙'으로 발표하였다.

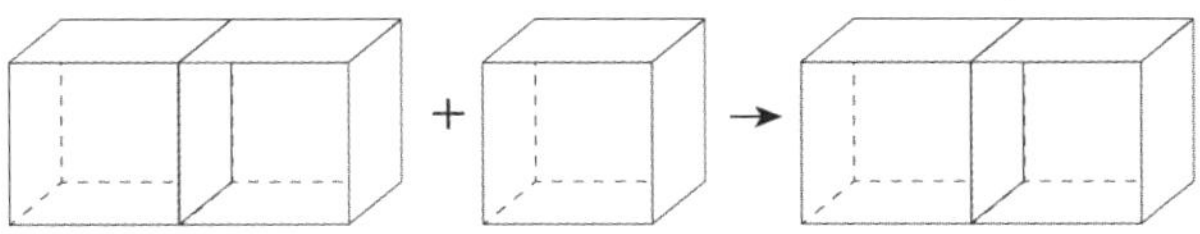

수소 : 산소 : 수증기
2 : 1 : 2 (부피비)

게이뤼삭은 이러한 실험 결과를 토대로, 기체의 경우에는 질량보다는 부피가 기본 단위로 더 타당하다고 생각하였다. 왜냐하면 요오드 기체와 수소 기체가 만나서 요오드화 수소를 만드는데, 이때 부피비는 합리적인 결합비인 1:1이지만, 질량비는 무려 127:1 이어서 이렇게 큰 차이가 나는 비율로 결합한다는 것을 합리적이라고 보기 어렵기 때문이었다.

또한 게이뤼삭은 매우 작은 입자들의 질량은 오차가 날 수 있고, 순수한 기체 속에도 수증기 등 일부 불순물이 들어가기 때문에 기체의 질량은 정확한 값을 구하기 어렵다고 생각하였다.

따라서 게이뤼삭은 수소 부피비 2와 산소 부피비 1이 결합하여 만들어지는 수증기는 H_2O라고 생각하였다.

돌턴은 동일한 상황을 다르게 생각하였다. 그는 질량을 기본 단위로 보았는데, 수소 부피비 2와 산소 부피비 1을 질량으로 바꾸면 2g 과 16g 이다. 그러니까 최소비로 바꾸면 1:8이 된다. 따라서 수소 원자 1개의 기본 단위는 1g 이고 산소 원자 1개의 기본 단위는 8g 이다. 그러니까 돌턴은 수소 부피 1에 수소 원자가 하나 있다고 가정하고, 산소 부피 1에는 산소 원자가 2개 있다고 가정하였다. 즉 산소 원자의 기본 단위는 8g 이므로 산소 기체 1부피가 16g이라면 여기에는 8g 짜리 산소 원자가 두 개 들어 있는 것이다.

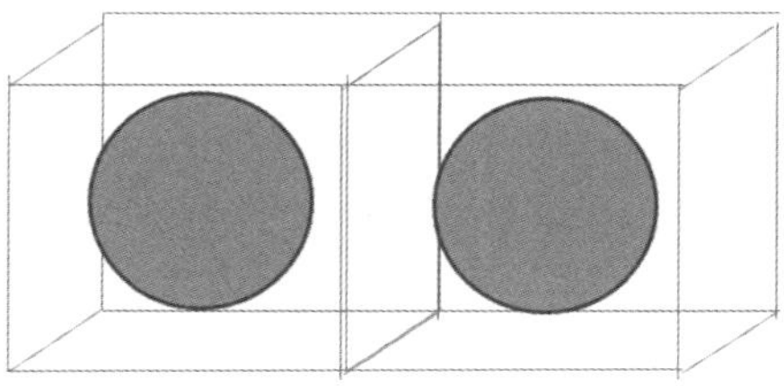

돌턴이 상상한 수소 2 부피 속의 원자 모습

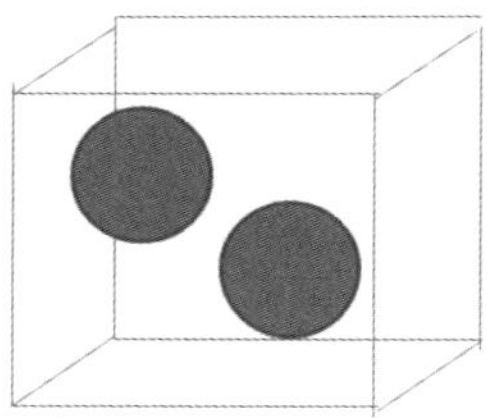

돌턴이 상상한 산소 1 부피 속의 원자 모습

그는 최소결합비의 원칙을 가정하고, 수증기는 수소 원자 1개(1g)와 산소 원자 1개(8g)가 결합한 HO의 형태로 존재한다고 생각하였다.

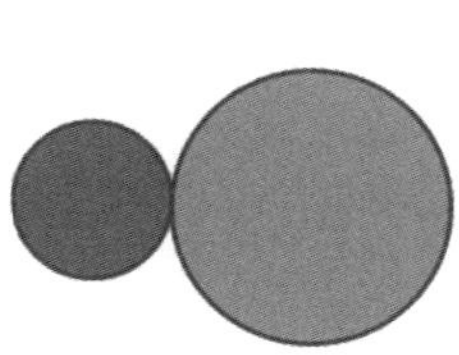

돌턴이 상상한 수증기의 모습

게이뤼삭은 자신의 생각을 진행시키면서 어려움이 생겼다. 만약 기체 부피비 1이 가장 작은 기본 단위라면, 반응물의 기체 부피비 1보다 생성물 부피비가 더 클 수는 없다. 그런데 많은 화학 반응에서 생성물 기체부피비가 반응물의 기체 부피비보다 더 큰 경우가 관찰되었다. 예를 들어 질소 1부피와 수소 3부피 만나면 암모니아 2부피가 만들어지는데, 그러면 수소 3부피가 암모니아 2부피 안으로 들어가야 하므로 부피가 수축되어야 하는 문제가 발생한다.

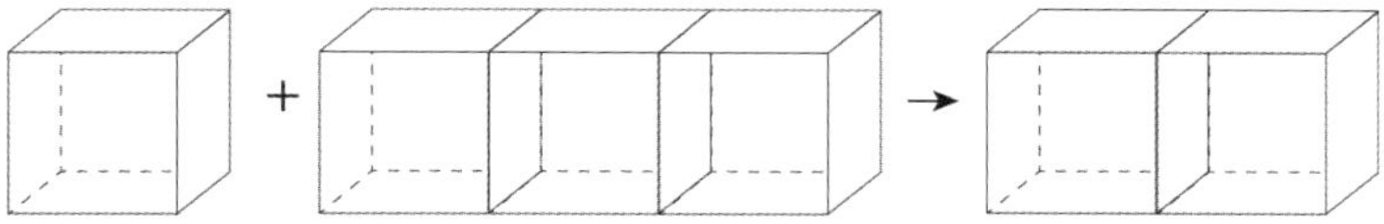

이는 결국 기체 부피비 1이 더 작은 단위로 나누어질 수 있다는 것을 의미한다. 더구나 기본 단위가 더 나누어진다면, 부피가 기본단위가 될 수 있는가 하는 문제가 생긴다.

이에 대해 고민하던 게이뤼삭은 기본단위로 부피비에 돌턴의 기본 단위인 원자 가설을 포함하는 것을 고려하게 되었다. 비록 게이뤼삭은 원자설을 반대한 베르톨레의 제자였지만 베르톨레와 달리 돌턴의 원자 가설에 호의적이었다.

그러나 그는 돌턴과 달리 부피가 기본 단위였기 때문에 동일한 부피 안에 들어가는 기체 입자의 수도 동일해야 한다고 가정하였다. 그는 기체 종류에 상관없이 같은 부피 안에도 같은 입자수가 들어 있을 것이라는 매우 간단한 규칙을 토대로 기체 반응의 법칙을 설명하려고 시도하였다. 이는 돌턴의 경우 원자들의 결합비를 가장 단순한 비율로 가정한 것과 유사하다.

이런 점을 보면, 과학자들은 자연 세계는 매우 간단한 규칙으로 설명할 수 있을 것이라는 믿음을 가지고 과학 이론을 만들려는 시도를 하는 사람들이라고 할 수 있다. 이러한 믿음은 특별한 근거를 가지고 있지 않기 때문에 어떤 때에는 과학자들의 가정이 엉뚱해 보이기도 하고, 또 종종 틀리기도 한다. 하지만 "우연히" 이러한 단순한 가정이 잘 맞을 때 우리는 과학자를 굉장히 "창의적"이라고 말한다.

이렇게 되면 게이뤼삭이 상상한 산소 1 부피 속의 원자 모습은 다음과 같이 된다.

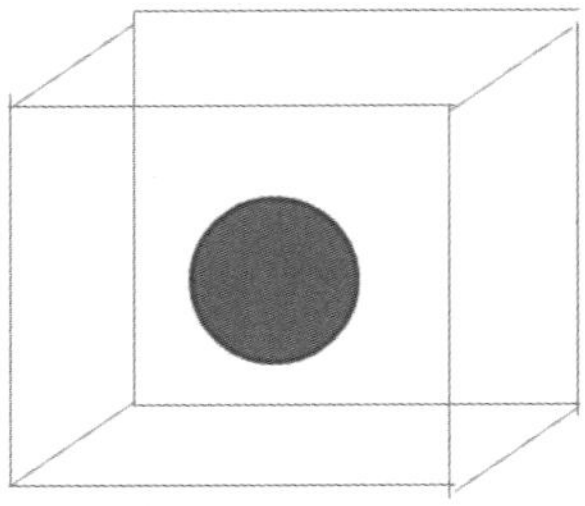

게이뤼삭이 상상한 산소 1 부피 속의 원자 모습

물론 수소 2 부피 속에도 각각 한 개의 원자가 들어 있다고 생각했을 것이다.

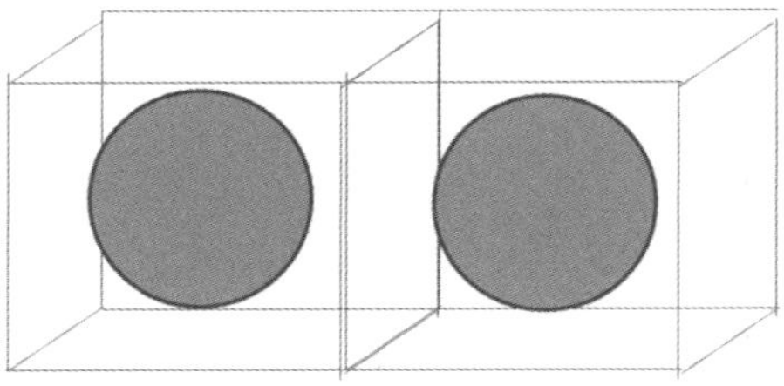

게이뤼삭이 상상한 수소 2 부피 속의 원자 모습

그렇다면 수소 2 부피와 산소 1부피가 만나서 만들어지는 수증기 2 부피는 어떤 모습으로 상상할 수 있을까? 수증기 2 부피 안에는 같은 수의 수소 원자와 산소 원자가 들어 있어야 한다. 그래야 수증기라는 물질이 만들어지기 때문이다. 그런데 반응물인 수소는 1부피인데, 생성물인 수증기는 2 부피라면, 수소가 1 부피에 한 개만 있다고 가정할 때, 수증기 2부피에 수소가 반개씩 쪼개져 들어가야 한다.

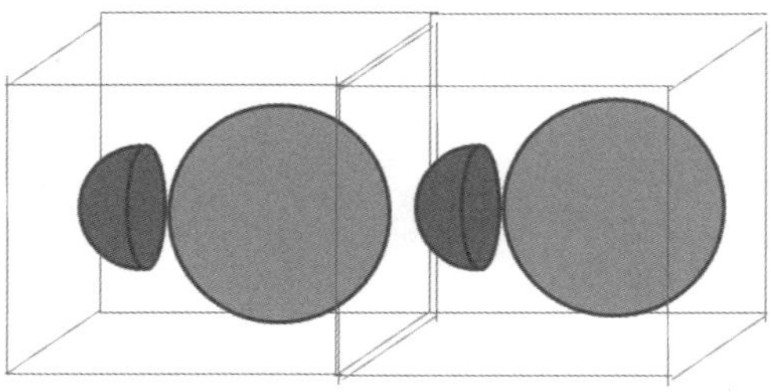

게이뤼삭이 상상한 수증기 속의 수소 원자와 산소 원자 모습

그러나 이렇게 쪼개진다면 이것은 원자라고 할 수 없다. 원자는 "더이상 쪼개지지 않는 물질의 기본 단위"여야 하기 때문이다. 그렇다면 돌턴의 원자를 보호하면서 게이뤼삭처럼 부피비의

규칙성을 강조할 수 있는 다른 방안은 없을까?

이러한 문제에 창의적인 해답을 제공한 사람이 아보가드로이다. 이탈리아의 과학자였던 아보가드로는 게이뤼삭의 생각을 발전시켜서 다음과 같이 상상하였다. 즉, 물질의 기본 단위는 원자가 아니고, 더 쪼개질 수 있는 분자이다. 하지만 위의 그림처럼 원자가 반으로 쪼개지면 원자의 기본 가정에 위배된다. 그렇다면 물질의 기본 단위는 더 이상 쪼개질 수 있는 분자(나누어진다는 의미이다)이고, 분자는 원자로 이루어진 물질이라고 가정하면 어떨까?

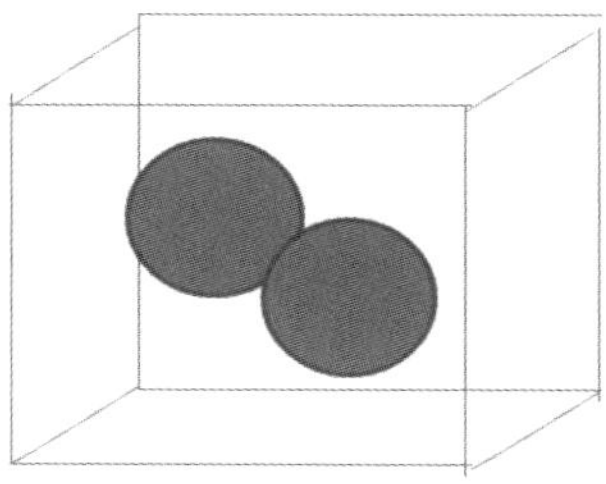

아보가드로가 생각한 산소 1 부피 속의 분자(수소 원자 두 개로 구성)

물론 이렇게 생각하고 수소 기체 2 부피 속에는 각각 한 개의 원자가 있다고 돌턴처럼 상상할 수도 있다. 하지만 아보가드로는 자신의 생각을 밀고 나가서 산소의 경우에도 분자로 되어 있다고 생각하였다.

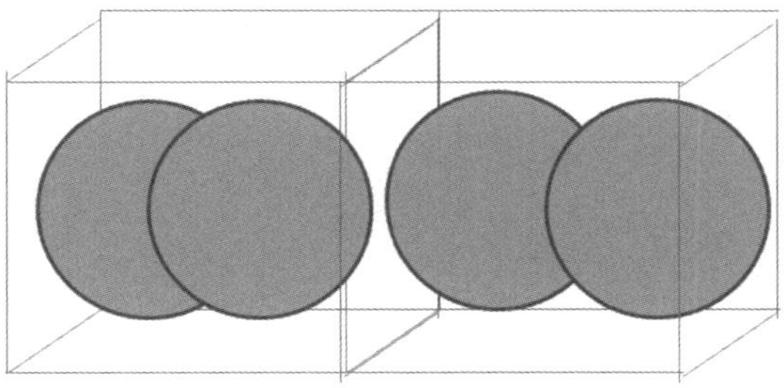

아보가드로가 생각한 수소 기체 2 부피 속의 분자

그러면 아보가드로가 상상한 수증기 2 부피 속에는 산소 원자가 1개 있고 수소 원자가 2개 있는 모습일 것이다.

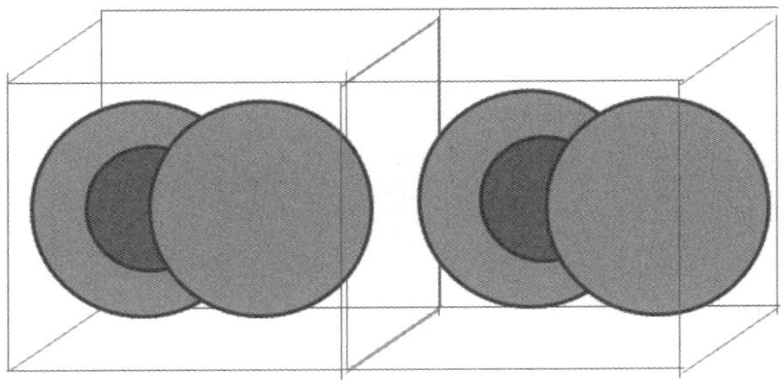

아보가드로가 생각한 수증기 2 부피 속의 분자

세 사람 중에 어떤 사람의 생각이 옳았을까? 그 당시는 아무도 몰랐지만 오늘날에는 아보가드로의 생각이 옳았다는 것을 알게 되었다. 하지만 오늘날 옳은 생각이었다고 해서 돌턴과 게이뤼삭이 수준 낮은 과학자였다고 생각하면 안 된다. 과학이란 언제 어떤 상황에서 또 바뀔지 모르기 때문이다. 주어진 상황과 조건에서 최대의 상상력을 발휘하여 자연 현상을 설명하려는 노력이 과학자들의 창의성임을 잊어서는 안 된다. 그런 능력이 없다면, 주어진 정답만 찾는 하류 과학자가 되기 때문이다.

특히 게이뤼삭의 뛰어난 점은 그 당시 아무도 기체의 부피가 일정한 규칙성을 가지는 단위체라는 생각을 못했지만, 그가 처음으로 기체 1 부피를 기본 단위로 보았다는 점이다. 이러한 게이뤼삭의 노력 때문에 기체 반응에 대한 신비를 풀 수 있었고, 기체 속에 존재하는 입자의 세계를 이해하는 문이 열리게 된 것이다.

이 세상이 입자로 되어 있다는 사실은 기체 반응으로부터 얻을 수 있으며, 고체나 액체 반응에서는 이러한 입자에 대한 생각은 나오기가 어렵다. 돌턴도 기상학자였기 때문에 기체에 대한 관심으로부터 입자에 대한 사고를 만들어 낸 것이다. 그렇기 때문에 기체는 입자를 상상할 수 있는 매우 중요한 자연 상태이다.

07

아보가드로

물질의 기본은 나누어진다 - 분자

영국의 과학자 돌턴, 프랑스의 과학자 게이뤼삭, 그리고 이탈리아의 과학자 아보가드로 중에 누가 가장 뛰어난 과학자일까? 오늘날 교과서의 비중으로 본다면 아마도 아보가드로라고 말할 수 있을 것이다. 왜냐하면 화학에서 가장 골치 아프면서도 꼭 알아야 하는 화학양론을 아보가드로가 처음으로 정리했기 때문이다. 이는 화학에서 가장 필요한 계산식에 해당한다.

그가 정리한 핵심은 "눈에 보이지 않는 기체라도 같은 부피 안에는 같은 입자수가 들어있기 때문에 부피를 알면, 입자의 수와 질량을 알 수 있고, 반대로 질량을 알아도 부피와 입자의 수를 알 수 있다."는 것이다. 우리는 흔히 기체를 부피나 질량으로 측정할 수 있기 때문에 그러면 이 기체에 얼마나 많은 수의 입자가 있는지 바로 계산할 수 있는 이유는 바로 아보가르로의 법칙 때문이다. 그의 이러한 생각은 게이뤼삭이 주장한 기체의 부피비 사이의 규칙성인 "기체 반응의 법칙"이나 돌턴이 주장한 반응물 사이의 질량비 규칙성인 "질량보존의 법칙"의 관계를 손쉽게 설명해 준다.

그것은 마치 쌀 한 알의 질량(원자량에 비유)을 알면, 항상 한 가마 안에 들어 있는 쌀알의 수는 같기 때문에(아주 정확하지는 않아도 어느 정도) 한 가마의 질량도 쉽게 알 수 있고, 한 가마의 부피도 알 수 있으므로 쉽게 부피나 질량을 통해 쌀의 양을 추정할 수 있다는 것으로 이해할 수 있다. 반대로 쌀 한 가마가 80 kg 이라면, 그 안에 얼마나 많은 쌀알이 있는지도 계산할 수 있다. 만약 내가 매일 쌀 한 되(2 kg)로 밥을 짓는다면, 우리는 쉽게 40일 동안 한가마니 쌀로 밥을 먹을 수 있다는 것을 알 수 있다. 우리가 먹는 쌀의 양을 1가마니의 부피로도 바꾸어 말할 수 있다.

이렇게 이야기하면 아보가드로의 생각이 창의적인 것처럼 보이지 않는다. 그런데 그의 생각에서 독창적인 것은 "한 가마니 혹은 한 되 안에 있는 입자가 쌀이든, 콩이든 모두 같은 부피 안에는 같은 입자 수가 있다고 가정한 것이다.

콩은 쌀보다 훨씬 크니까 같은 한 되 안에 입자 수가 더 적을 것이라고 생각한다면, 아보가드로의 법칙을 이해하지 못하는 것이다. 왜냐하면 아보가드로가 생각한 이 법칙은 항상 "기체 상태"에만 적용되는 것이기 때문이다. 기체 상태에는 입자들이 굉장히 멀리 떨어져 있다. 만약 입자가 가까워진다면 그 상태는 바로 액체나 고체로 변한다.

입자의 크기보다 입자 사이의 거리가 훨씬 더 멀기 때문에 입자의 크기는 기체 부피 안에 들어 있는 입자 수에 별로 영향을 미치지 못한다. 비유를 든다면, 기차와 자동차로 서울부터 부산까지 먼 거리를 가는데, 기차의 길이가 더 길다고 해서 더 빨리 부산에 도착하는 것은 아니다. 어차피 기차의 길이나 자동차의 길이나 서울과 부산의 거리를 생각하면 그 차이는 무시할 만하기 때문이다.

상식적으로는 이해되지 않는 가설은 아보가드로는 어떻게 하게 되었을까? 그건 그가 기체라는 특수한 상황에서 눈에 보이지 않을 만큼 작은 입자들을 상상했기 때문에 가능했을 것이다.

하지만 그의 진짜 창의성은 돌턴과 달리 "기본 입자"가 더 나누어진다고 생각한 것이다. 그가 만든 가장 중요한 개념이 바로 '분자(나누어지는 입자)"이기 때문이다.

하지만 아보가드로가 돌턴의 원자설을 완전히 버린 것은 아니다. 그는 분자 안에 원자의 개념을 포함시켰다. 돌턴은 수소 기체 안에는 수소 원자들이 모여 있다고 생각했지만, 아보가드로는 수소 기체 안에 기본 단위는 분자이며, 수소 원자 두 개가 모여서 하나의 기본 단위체(분자)가 된다고 생각하였다.

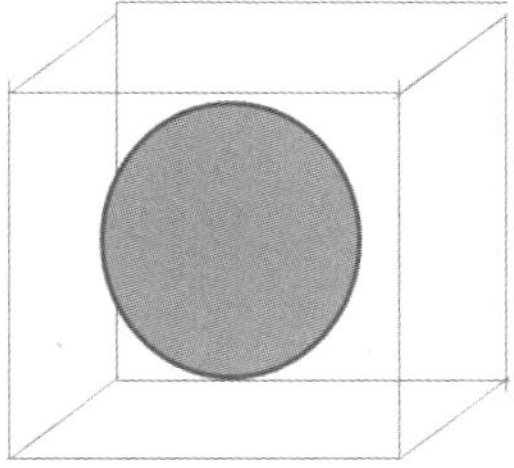

돌턴이 생각한 수소 기체

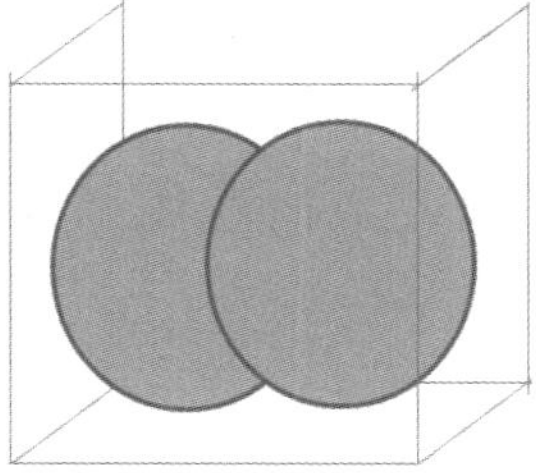

아보가드로가 생각한 수소 기체

돌턴과 아보가드로가 생각한 수소 기체의 기본 단위는 다르지만, 수소 기체가 수소 원자로 구성되었다는 생각은 일치하였다. 왜냐하면 수소 기체는 원소로 분류되었기 때문이다. 원소란 한 종류의 원자로 이루어진 물질이기 때문에 아무리 화학적 분해를 해도 수소 원자 밖에는 나오지 않는다. 그러나 수증기는 수소 원자와 산소 원자로 구성되었기 때문에 화학적으로 분해하면 수소 기체와 산소 기체로 나누어진다. 이러한 물질은 화합물이라고 부른다.

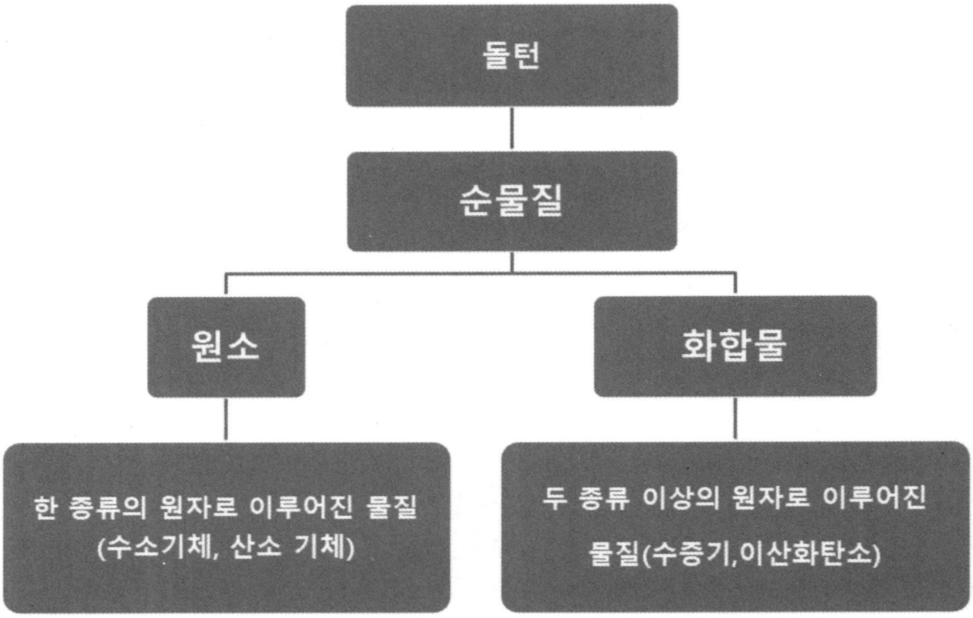

돌턴이 생각한 물질의 관계도

그러나 아보가드로의 생각에 따르면, 원소는 원자로 이루어진 물질과 분자로 이루어진 물질이 있다. 수소 기체는 두 개의 수소 원자들이 결합한 분자로 이루어진 원소이다. 철은 철 원자들이 결합하고 있는 물질이다. 네온이나 헬륨처럼 다른 원자와 결합하지 않고 원자 홀로 존재하는 기체도 있다. 이러한 형태는 모두 원소라고 부른다.

화합물은 분자로 이루어진 물질과 이온으로 이루어진 물질이 있다. 이산화탄소나 수증기는 분자로 이루어진 화합물이고, 소금이나 황산구리는 이온결합으로 이루어진 화합물이다.

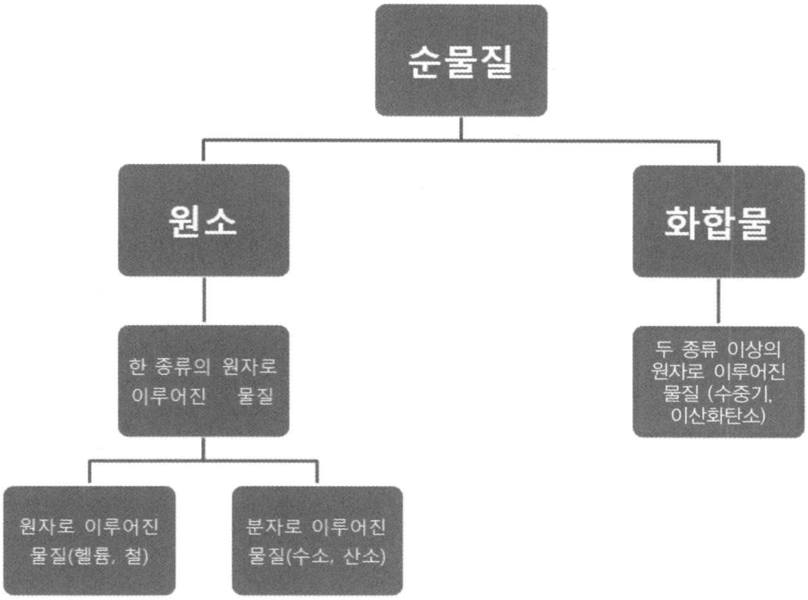

아보가드로가 생각한 물질의 관계도

돌턴은 한 종류의 원자로 이루어진 원소는 모두 헬륨이나 철처럼 존재한다고 생각하였으나, 아보가드로는 원소에도 분자 형태가 존재한다고 상상하였다. 아보가드로의 새로운 생각 덕분에 우리는 이 세상의 다양한 물질들이 어떤 형태로 존재하는지 알게 되었다.

"나누어질 수 있는 기본 입자"란 의미의 분자는 영어로 molecule 이다. 이 단어는 덩어리라는 의미인데, 이는 게이뤼삭이 기체 부피를 기본 덩어리로 보고, 그것을 다시 나누어 화합물을 만드는 것을 상상한 것과 유사하다. 따라서 아보가드로는 돌턴의 원자와 게이뤼삭의 기체 기본 덩어리의 개념을 융합하여 분자라는 새로운 개념을 만들어낸 것이라고 할 수 있다.

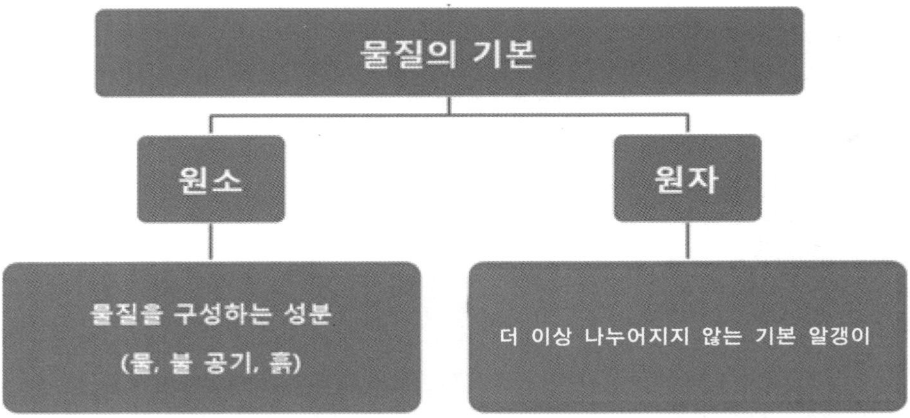

그리스 시대부터 돌턴 이전까지 생각한 물질의 관계도

그리스 시대부터 돌턴시대까지는 물질의 기본이 원소냐, 원자냐로 논쟁을 하였다. 지속적으로 나누어진다면 원소설, 더 이상 나누어지지 않는 기본 알갱이가 존재한다고 믿으면 원자설을 믿었다. 더구나 원자설은 원자와 원자 사이에 아무 것도 없다는 진공의 개념을 포함해야 하기 때문에 그 당시 신의 세계로 자연을 이해하던 사람들은 원자설 대신 빈 공간이 없는 완벽한 창조물인 원소설을 믿었다. 이런 사실을 보면, 우리가 어떤 지식을 믿는다는 것은 이성적인 판단 때문이 아니라 감성적인 판단 때문일 수도 있다.

돌턴의 원자는 원소와 동등한 수준이 아니라, 원소를 구성하는 기본 입자이다. 그러나 아보가드로는 원소를 구성하는 기본 입자가 원자일 수도 있지만 분자일 수도 있다는 생각을 한 것이다.

그는 분자로 이루어진 화합물인 수증기나 이산화탄소를 'molecule integrante(완전한 분자)'로 불렀고, 분자로 이루어진 원소를 'molecule elementaire(원소 분자)'로 불렀다. 또한 분자로 이루어진 원소인 'molecule elementaire'가 화학적 분해로 나뉘어져 원자가 되는 것을 'half-molecules(반쪽 분자)'불렀다. 그에게 있어서 궁극의 입자는 분자이지 원자가 아니므로, 끝까지 나누어지는 기본 입자에게 원자라는 용어를 붙이지 않은 것이다.

같은 물질을 두고, 돌턴은 (더 이상 쪼개지지 않는 기본 입자)으로 보고, 아보가드로는 half molecules(반으로 나누어진 분자)로 보았다는 점이 흥미롭다. 오늘날 소립자 물리학이 발달하면서, 사실 원자는 이제 쿼크, 바리온, 렙톤 등 소립자로 무수히 많이 쪼개지며, 따라서 아직까지도 궁극의 입자는 찾지 못하였다는 점에서 돌턴보다는 아보가드로의 입자관이 더 현대적이라고 할 수 있다.

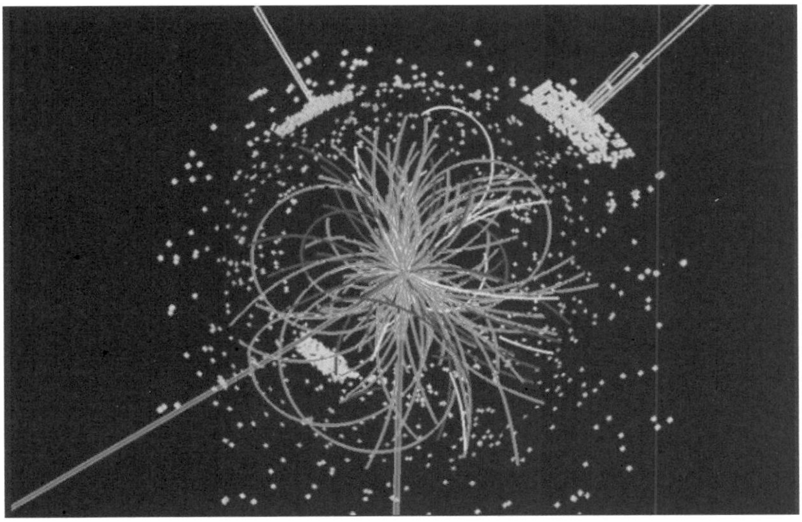 6)

아보가드로의 분자는 그가 살아있는 동안에 과학자들에게 받아들여지지 않았다. 당연히 가장 크게 반발한 사람은 돌턴이었다. 같은 입자들끼리 모여 있는 기체에서 나타나는 압력을 입자 사이의 반발력 때문이라고 생각하였던 돌턴은 "같은 원자끼리는 반발로 인해 절대 결합할 수 없고, 다른 원자끼리의 결합만이 가능하다." 라는 주장을 버리지 않았다.

그러한 그의 생각은 입자를 둘러싼 열소분위기 개념에 대한 믿음 때문에 형성된 것이다. 이는 오늘날 분자운동에너지의 형태로 바뀌었지만, 그 당시에는 열소라는 물질이 입자를 둘러싸고 있다고 생각하고, 이 열소 때문에 기체의 부피가 형성된다고 보았다.

6) 그림출처 : https://search.naver.com/search.naver?where=image&sm=tab_jum&ie=utf8&query=%EA%B1%B0%EB%8C%80%EA%B0%80%EC%86%8D%EA%B8%B0#imgId=blog14258845%7C18%7C110035170375_5&vType=rollout

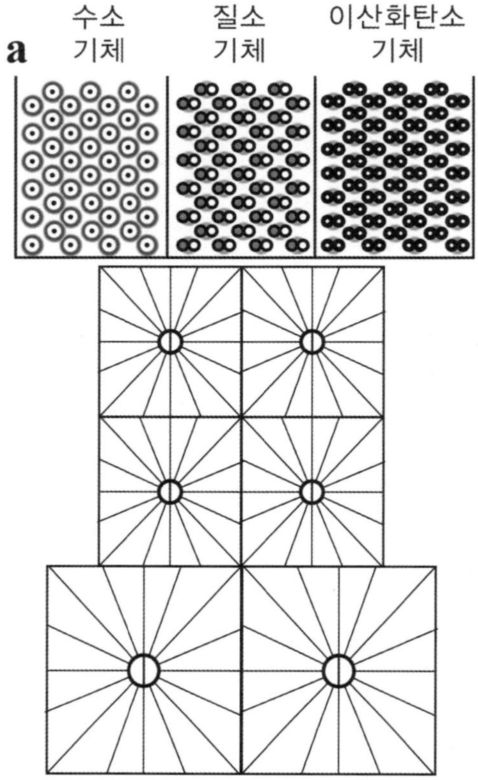

돌턴이 상상한 입자의 열소 분위기

아보가드로의 분자가설은 전기 현상에 관한 유명한 연구가인 암페어(André-Marie Ampère, 1775-1836)가 1814년 다시 제출하였는데 역시 지지를 받지 못하였다. 이 가설은 1858년 아보가드로의 제자인 칸니차로(Stanislao Cannizzaro, 1826-1910)에 의해서 인정받게 될 때까지 50여년을 암흑 속에서 빛을 보지 못하고 파묻혀 있었다. 이 가설은 현대화학의 이론 체계를 세우는 근본을 확고히 하였다고 말할 만큼 중요한 것이었고, 돌턴의 원자가설의 결함을 충분히 잘 설명해 주고 있었음에도 불구하고 이 당시에는 그 가치를 인정받지 못한 것이다. 이런 점을 보면, 우리가 진실하다고 믿는 이론이 다른 시대 상황에서 보면 전혀 진실답지 않아 보일 수 있다는 것을 알아야 한다.

아보가드로의 분자 가설이 세상에 받아들여 지지 않은 이유는 첫째, 아보가드로가 화학자가 아니고 물리학자로 화학계에 잘 알려져 있지 않았고, 둘째, 아보가드로는 조용한 사람으로 자기의 학설을 무리하게 퍼트리려고 하지 않았으며, 셋째, 그의 논문은 매우 난해해서 그가 사용한 원자(Atom)나 분자(Molecule)의 구별을 잘 모르고 경우에는 해석이 어려웠기 때문이다.

약 50여년의 세월이 지난 다음 1860년에 제 1회 세계화학자회의가 독일의 칼스루헤에서 열렸다. 이 회의가 열린 이유는 과학자들이 서로 다르게 사용하고 있던 화학기호를 통일시키기 위해서였다. 이 회의에서 아보가드로의 제자인 칸니차로는 아보가드로의 분자설을 소개하면서 원자량을 측정하기 위해서는 분자개념이 우선 고려되어야 한다고 주장하였다.

칸니차로는 원자와 분자의 구별을 엄밀히 해석하고, 모든 기체가 같은 온도, 같은 압력에서 같은 부피 중에 같은 수의 분자를 포함한다고 설명하였다. 또한 모든 기체 물질에 대하여, 그 밀도로부터 분자량을 구할 수 있고, 어떤 일정한 원소를 포함한 여러 종류의 기체 물질의 분자량으로부터 그 원소의 원자량의 계산이 가능하다는 것 등을 상세히 설명하였다.

수소를 포함한 모든 화합물에서 수소의 원자량을 상대적으로 구해 보면, 최소 공약수가 1이 된다. 또한 수소 기체의 분자량이 상대적으로 2이므로, 결국 수소 기체는 수소 원자 2개가 결합한 원소라고 증명한 것이다. 이러한 방법으로 아보가드로의 법칙을 증명하였는데, 이는 귀추적 방법이라고 부른다.

칸니차로는 원자량의 기준으로 수소의 원자량을 1로 하는 방법을 선택하였는데 수소를 1로 하면 산소의 원자량은 정수가 되지 않고 불편한 15.9로 된다. 실제로 산소의 화합물이 많으므로 수소를 1로 하는 기준을 변화시키지 않고 산소에 편리한 정수의 원자량을 주기 위해 산소의 원자량을 15.9에서 16으로 하여 기준으로 삼았고, 이것은 1900년대부터 지배적으로 사용되었다. 나중에는 동위원소들이 발견되면서 탄소 12를 기준으로 바꾸었다.

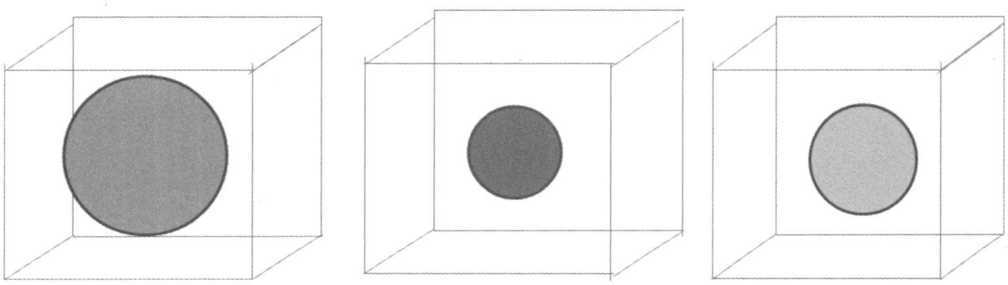

수소? 산소? 탄소? 어느 기준이 더 좋을까?

칸니차로 덕분에 과거 20년간 혼란을 거듭한 화합물의 분자식은 많은 화학자에 의해 분자구조 이론으로 확립되었고, 원자량에 의한 원소 분류는 멘델레예프로 하여금 주기율표를 발견하게 하였다.

08

마흐

나는 원자의 존재를 믿지 않는다.

과학과 철학은 어떤 관계일까? 사실 많은 과학자들이 자신의 학문을 철학으로 이해하였다. 그래서 박사학위를 ph. D(Doctor of philosophy). 즉 철학박사학위로 부르는 것이다. 과학철학은 "과학이란 무엇인가?"에 관심을 가지는 학문이다. 과학자이자 철학자였던 마흐(Ernst Mach, 1838~1916; 이름이 초음속의 단위로 사용됨)는 "과학이란 실험과 관찰에 의한 결과만 믿을 수 있으므로 직접 관찰할 수 없는 원자의 존재는 믿을 수 없다."고 주장하였다.

여러분은 교과서에 있기 때문에 실제 한 번도 본 적이 없는 원자가 있다고 믿는가? 과학자들은 교과서를 믿는 것이 아니라, 스스로 연구한 결과를 믿는다. 도대체 과학자들은 어떻게 눈에 보이지 않는 원자의 존재를 증명하였을까?

칸니짜로에 의해 아보가드로의 분자설이 널리 과학자들에게 인정받은 후에 원자량과 분자량을 기준으로 한 화학식 및 원소의 주기율표 등 화학 분야에서는 많은 발전이 있었다. 그러나 물리학 분야에서는 원자가 실존하는가에 대한 논쟁이 1890년대까지도 거세었기 때문에 원자설이 더 이상 발전하지 못하였다.

19세기에는 원자나 분자의 존재를 믿지 않고도 화학자가 될 수 있었다. 당시의 화학자들은 원자와 분자의 실체를 인정했다기보다는 현상을 설명하기 위해 편리하며 필요한 개념으로 여겼을 뿐이다. 수소와 산소가 1:8의 질량비로 결합한다는 사실은 이들이 원자로 이루어져 있다는 것과 직접적인 관계가 없다. 그리고 수소와 산소가 2:1의 부피비로 결합해서 물이 된다는 사실이 반드시 두 개의 수소 원자와 한 개의 산소 원자가 결합한다는 것을 뜻할 필요는 없다고 생각한 것이다. 원자가 가상의 도구인지, 아니면 실제 존재하는 것인지에 대한 논쟁은 끊임없이 일어났다.

원자설을 반대하는 선두 과학자였던 마흐는 실험을 통해서 직접 관찰할 수 있는 명백한 법칙들 - 예를 들어 보일-샤를의 법칙 - 을 원자라는 아무도 볼 수 없는 가상적인 입자를 이용해서 설명해야 할 이유가 없다고 주장하였다.

예를 들어 기체는 솜뭉치처럼 말랑말랑하여 누르면 쉽게 부피가 줄어들고 누르는 힘을 제거하면 다시 원래대로 돌아온다는 설명으로 보일의 법칙을 해석할 수도 있다. 그렇다면 굳이 입자를 도입할 필요가 없는 것이다.

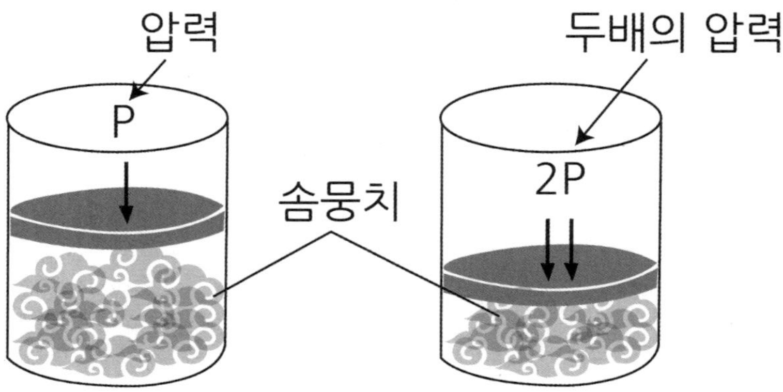

보일의 법칙을 입자가 아닌 형태로 설명한 예

결국 마흐는 1897년 학술회의의 공식석상에서 '나는 원자가 존재한다는 사실을 믿지 않습니다.'라고 선언하였다. 그가 보기에 원자는 과학으로 인정받기에는 너무 추상적이고, 경험적인 세상과 너무 동떨어져 있었다. 그는 입자 가설이 과학적 사고가 아니라고 믿었다. 그가 생각한 예를 들어 보자.

어떤 사람이 튀어 오르는 경향을 가진 매우 작고 둥근 모양의 생물을 발견하고 훈련을 시켰다. 드디어 '뛰어!'라는 명령을 내릴 때마다 그 생물은 튀어 오르게 되었다. 그 사람은 그 생물을 자세히 관찰한 후에 둥근 몸체에 달려 있는 가늘고 긴 것들이 바로 '뛰어!'라는 명령어를 알아듣는 청각세포일 것이라고 가정하였다. 그리고 이 세포를 하나씩 제거하면서 같은 명령을 내렸는데, 단 한 개가 남았을 때까지도 그 생물은 명령에 따라 뛰어 올랐으나 마지막 남은 하나를 제거하자 아무리 큰 소리로 명령을 내려도 더 이상 뛰지 않았다. 그래서 그는 자신이 제거한 것이 바로 이 생물의 청각 기관이라고 결론을 내렸다. 하지만 이 작고 둥근 생물은 사실 벼룩이었으며, 제거하였던 부분은 사실 다리임이 밝혀졌다고 하자. 그렇다면 이 부위가 청각세포일 것이라고 가정한 것은 터무니없는 것이 된다.

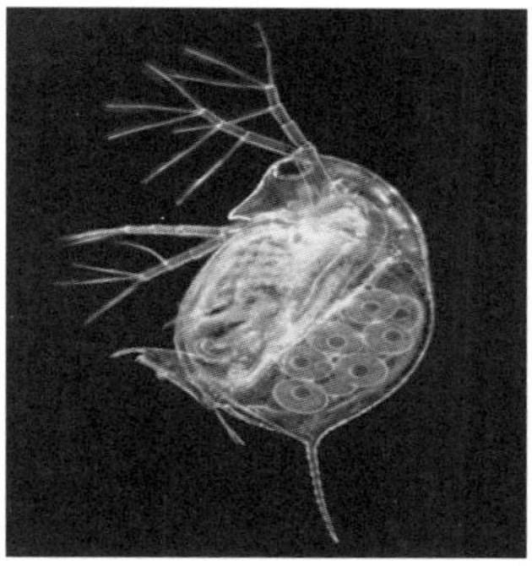

벼룩

그렇다면 과학자들이 원자라는 가설을 세우는 것도 이와 같은 현상이 아닐까? 그래서 가치 있는 가설은 오랜 기간에 걸쳐서 수없이 많은 시험을 통해 증명되어야 한다. 그 가설이 기각되기 전까지 과학자는 자신이 앞으로 나아가고 있다고 믿기 때문에 자신이 선택한 가설을 추구하게 된다.

이런 점에서 새로운 가설을 만드는 과학자들은 창의성도 있어야 하지만, 이와 함께 자신의 가설을 믿는 신념도 필요하다. 불굴의 신념으로 원자설을 주장한 과학자 중 한 사람이 바로 볼츠만(Ludwig Eduard Boltzmann, 1844~1906)이다. 그는 세상이 입자로 되어 있다는 것을 진심으로 믿었다. 하지만 그도 역시 이를 증명하는 일이 어렵다는 것은 알고 있었다.

볼츠만 이전에도 많은 과학자들이 입자론을 증명하기 위해 노력하였다. 1827년 브라운(Brown. Robert, 1773~1858)이 꽃가루의 마구잡이 운동을 현미경으로 관찰하여 이를 '브라운 운동'이라고 불렀다. 처음에는 꽃가루라는 특수성 때문에 살아있는 생명체의 운동이라고 생각하였으나, 곧 먼지와 같은 무생명체에도 이러한 운동이 있다는 것이 알려지게 되었다.

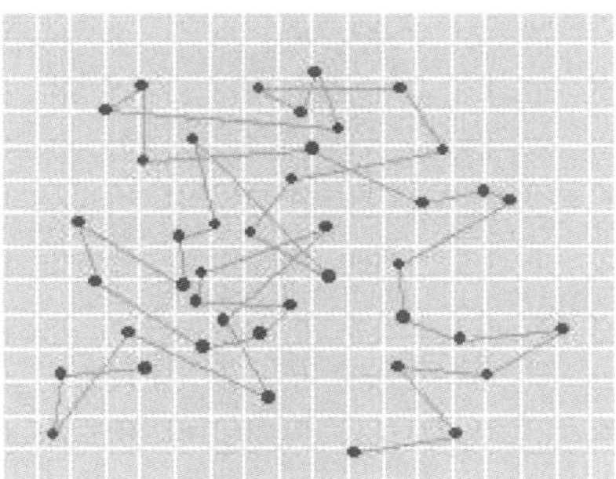

브라운 운동

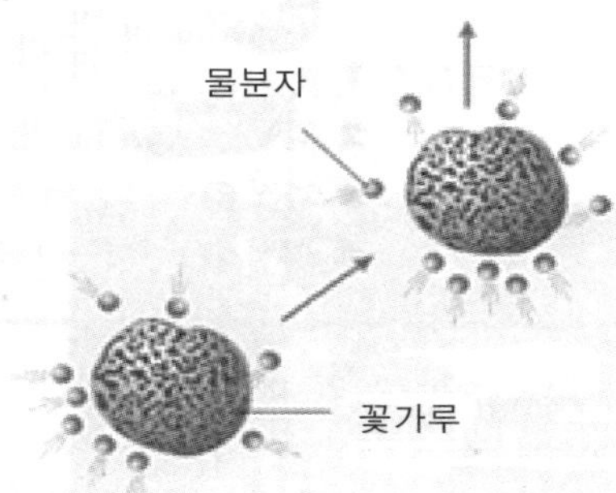

입자 충돌로 설명한 브라운 운동

1905년경에 이르러 아인슈타인(Albert Einstein, 1879~1955), 스몰루코프스키(Marian Ritter von Smolan Smoluchowski, 1872~1917) 등 여러 과학자들이 독자적으로 브라운 운동의 원인을 입자론으로 설명하는데 성공하였다. 즉, 눈에 보이지 않지만 질량을 가진 입자가 존재한다면, 서로 부딪치면서 움직이는 방향을 바꾸게 된다는 설명으로, 뉴턴 역학을 미시적인 입자에 도입하여 브라운 운동의 원인을 설명한 것이다. 이는 돌턴이 뉴턴 역학으로 대기의 입자 분포를 설명하려고 시도한 것과 유사한 방식이다.

특히 아인슈타인은 만약 눈에 보이지 않는 공기나 물 입자들이 고르게 꽃가루와 같은 큰 입자들을 친다면 입자들은 안 움직이겠지만, 특정한 시점에 우연히 한 쪽에 충돌하는 입자의 수가 다른 쪽에 충돌하는 입자의 수보다 많아질 때 브라운 운동의 현상이 나타나는 것이라고 주장하였다.

브라운 운동은 물 위에 떠있는 공을 작은 조약돌로 사방에서 칠 때 공의 움직임으로 이해할 수 있다.

브라운 운동은 마치 연못에 빠진 공을 건지기 위해 사방에서 돌을 던질 때 나타나는 현상과도 비슷하다. 공은 왼쪽에서 던진 돌에 맞으면 오른쪽으로 움직이고 오른쪽에서 던진 돌에 맞으면 왼쪽으로 움직인다. 이를 멀리서 보면 매우 작은 돌은 보이지 않고 큰 공만 스스로 움직이는 것처럼 보일 것이다.

하지만 이러한 설명도 원자설이 가설인 경우에는 과학이 아니라고 주장할 수 있다. 진정한 과학은 축구공에 던지는 작은 공을 발견한 후여야 하는 것이다. 데모크리토스에서 보일, 뉴턴,

맥스웰, 볼츠만, 아인슈타인에 이르기까지 2000년 이상의 숙고와 논쟁 끝에 물질을 이루는 가장 작은 입자를 의미하는 '원자'는 이제 현대 과학에서는 실체가 되었으며, 이후 물리학자들의 지속적인 노력은 전자, 양성자, 중성자, 쿼크 등 아원자 입자들이 속속 밝혀지는 성과로 나타났다.

심지어 1981년에는 STM(scanning tunneling microscope)이 개발되어 원자의 상을 촬영할 수 있을 정도로 기술이 발전하였다. 이 사진을 보여주었다면 마흐는 원자의 존재를 받아들였을까?

원자 배열 사진(STM)

갈릴레이가 망원경을 만들어서 달을 관찰하고 나서, 달이 매끄러운 완벽한 공이 아니라 울퉁불퉁한 분화구가 있는 모습임을 주장하였을 때, 많은 사람들은 달이 그렇게 보이는 이유가 지상의 물질로 만든 망원경 때문이라고 생각하였다. 그렇다면 원자를 믿지 않았던 마흐는 STM 사진을 보고 무어라고 말했을까?

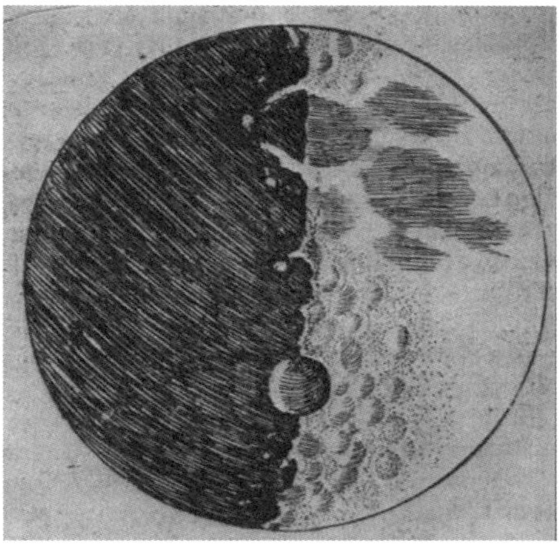

갈릴레이가 망원경으로 본 달 그림

09

볼츠만

원자의 존재를 증명한 새로운 방법: 확률과 통계

1687년 뉴턴 역학의 완성으로 물리학자들은 물체의 질량과 힘에 의한 속도 변화에 관심을 가졌지만, 그 당시 눈에 보이지 않는 매우 작은 입자의 운동에 관심을 기울인 과학자들은 거의 없었다. 아마도 그 시대에는 유일한 과학자가 돌턴이었을 것이다. 그 이유는 입자가 실재한다고 믿는 과학자들이 거의 없었기 때문이다. 하지만 돌턴도 원자의 질량에는 관심을 가졌지만 원자들이 운동한다는 생각은 하지 못하였다.

이후 200년 가까이 지난 1860년경에 클라우지우스(Rudolf Julius Emanuel Clausius, 1822~1888)가 일정한 부피를 가진 기체의 온도, 압력과 분자들의 운동 사이의 관계를 밝힘으로써 매우 작은 입자들 각각의 속력은 알 수 없지만, 평균 속력은 알 수 있다는 생각을 하게 되었다. 이러한 생각은 모든 물질 운동의 원인과 결과를 파악할 수 있다고 생각하는 뉴턴식 사고에서 벗어나 확률과 통계에 의존하여야 자연세계를 알 수 있다는 사고를 가져야 가능하다.

분자가 실제로 존재한다면 질량 m인 분자가 평균 속력 v로 용기의 벽에 충돌할 때 벽에 미치는 힘과 압력을 그리 어렵지 않게 구할 수 있다. 클라우지우스도 기체 분자의 크기가 매우 작다고 생각하였고, 분자들이 매우 빠른 속도로 운동하며 서로 충돌할 것이므로 모든 분자의 속력이 같을 수 없음은 알고 기체의 질량과 나타내는 압력으로부터 평균속력을 구하였지만 분자들의 속력 분포를 알아낼 수는 없었다.

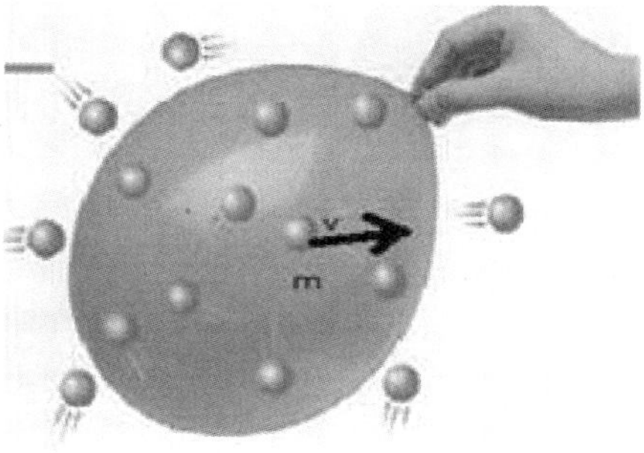

기체의 압력 : 기체 분자들은 자유롭게 운동하여 모든 방향에 같은 크기의 압력을 나타낸다. 또 풍선의 밖에서도 기체 분자들이 풍선의 벽에 끊임없이 충돌하여 일정한 압력을 나타낸다. 풍선내부의 압력과 외부의 압력이 같을 때 풍선은 일정한 부피를 가진다.

이후 맥스웰(James Clerk Maxwell, 1831~1879)은 평균속력 대신 속력의 분포를 나타내는 통계 함수를 도입함으로써 클라우지우스의 모형을 한 단계 발전시켰다. 그는 가로축이 기체 분자의 속력을 나타내고, 세로축이 상대적인 분자의 수를 나타내는 그래프를 제시하였다.

그 후 1868년 볼츠만(Ludwig Boltzmann, 1844-1906)은 기체 입자 한 개가 특정에너지를 가질 확률을 나타내는 함수를 볼츠만 Factor로 제시하였다. 볼츠만 Factor에 의하면 계가 가질 수 있는 에너지의 확률은 에너지가 높을수록 지수적으로 감소한다.

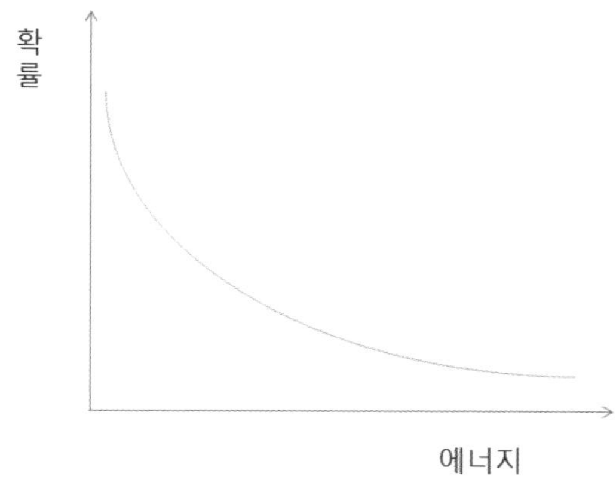

볼츠만 Factor

이러한 두 과학자들의 생각을 융합하여 현대에는 맥스웰-볼츠만 분포함수 그래프로 표현한다. 그래프의 현대적 표현에 따르면 가벼운 분자일수록 또 온도가 높을수록 속력이 빠른 분자들이 분포하고 있다.

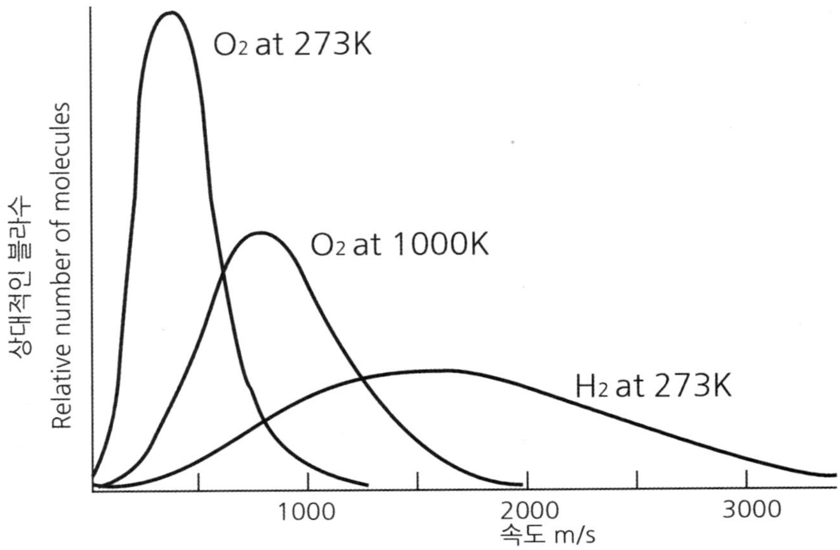

맥스웰-볼츠만 그래프

이 그래프에 의하면 기체의 종류(질량이 다른)와 관계없이 같은 온도에서 같은 압력을 나타내는 보일의 법칙이 나타나는 이유를 설명할 수 있다. 즉, 수소는 분자량이 작지만 분자량이 큰 산소보다 같은 온도에서 평균 속력이 빠르므로 용기의 벽에 더 빠른 속도로 충돌하여 같은 압력을 나타낼 수 있는 것이다.

맥스웰 볼츠만 분포는 같은 부피의 기체에 같은 수의 입자가 포함되어 있다는 아보가드로의 법칙을 기본 가정으로 하고 있다.

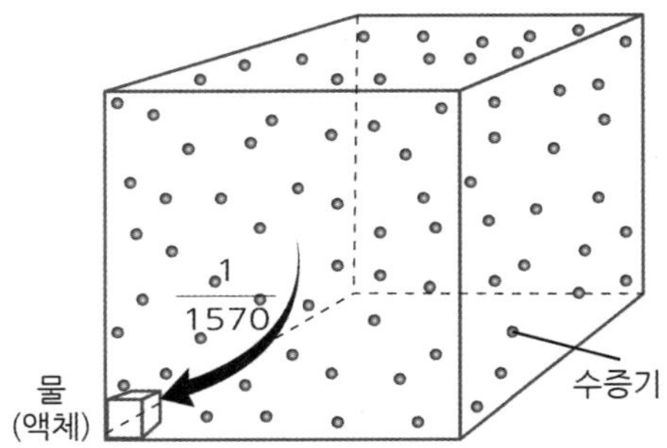

물과 수증기의 부피 비교

이러한 가정을 토대로 로슈미트(Johann Jeseph Loschmidt, 1821-1895)는 일정한 부피의 기체에 포함된 분자 수를 최초로 계산하였다. 그는 입자들이 촘촘하게 모여 있는 액체의 부피는 분자 하나의 부피에 분자의 수를 곱한 것이라고 가정하였다. 즉, 액체의 경우 입자 사이에 빈공간이 없다고 생각한 것이다. 따라서 일정한 부피의 액체를 증발시켜 얻는 기체의 부피를 측정하면, 아보가드로의 법칙을 이용하여 물질마다 다른 분자의 크기와 분자의 개수를 알아낼 수 있다.

그가 그러한 방법으로 계산한 분자 1몰은 4.4×10^{23}개의 분자 입자였다. 오늘날 아보가드로 수가 6.0×10^{23} 개라는 것을 생각해 볼 때, 단위 수도 맞추었고, 6.0 대신에 4.4라는 정도만 틀렸다는 것은 놀랄만한 정확성을 가진 계산이었음을 알 수 있다. 오늘날 중학교에서는 굉장히 큰 올레산($C_{17}H_{33}COOH$) 분자로 분자의 개수를 알아보는 실험을 한다.

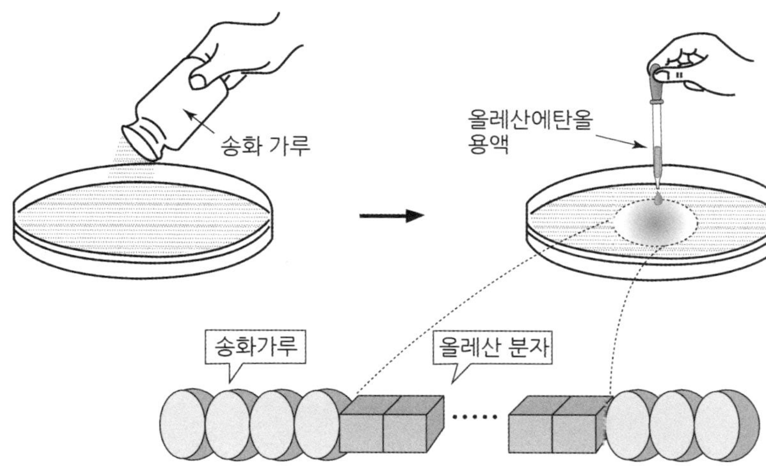

맥스웰과 볼츠만의 가장 중요한 업적은 보이지 않는 미시 세계의 무수히 많은 입자들의 행동을 설명하기 위해 확률과 통계 기법을 도입하였다는 것이다. 그 당시에 확률은 기회를 추구하는 놀이에 적합할 뿐 물리학의 법칙이 될 수 없다는 생각이 지배적이었고, 통계적인 충돌의 결과로 기체의 압력을 설명하려는 시도를 과학자들은 이해할 수도 없었다. 볼츠만은 확률적인 관점에서 입자의 움직임으로 표현한 최초의 물리학자였다. 그리고 그 후 그의 주장에 대해 윌리엄 톰슨(William Thomson, Lord Kelvin, 1824-1907; 후일 캘빈 경으로 불리움) 등 소수의 물리학자들만이 볼츠만의 주장에 관심을 기울였다.

매우 작은 입자의 운동에 대한 생각의 발달에 기여한 과학자로서 클라우지우스는 '엔트로피'라는 개념도 도입하였다. 그는 열이 고온에서 저온으로 흐르는 현상을 기체를 구성하는 개개 분자의 운동 상태의 변화로 설명하려고 하였다. 볼츠만도 1872년의 논문에서 엔트로피가 항상 증가한다는 열역학 제2법칙이 분자들의 충돌에 적용되는 기본적인 역학 법칙이라고 주장하였다. 그리고 1877년에는 엔트로피(S)와 가능한 배열의 경우 수(W) 사이의 관계를 나타내는 유명한 공식 $S = k \log W$를 제시하였다.

볼츠만은 이해하기 어려운 이 개념을 설명하기 위하여 "비둘기 집"이라는 유명한 비유를 제안하였다. 모든 비둘기 집에 같은 수의 비둘기들이 골고루 들어갈 확률이 가장 높다.

비둘기 집의 원리

그러나 확률적으로는 모든 비둘기가 한 집에 들어갈 경우의 수도 존재하게 된다. 비록 이러한 상태는 엔트로피가 매우 낮은 상태이므로, 엔트로피 증가의 법칙에 위배되지만, 확률적으로 가능성이 존재한다는 맹점 때문에 볼츠만의 주장은 윌리엄 톰슨, 막스 플랑크 등 당시의 탁월한 과학자들조차도 받아들이지 않았다. 그래서 이러한 과학자들은 볼츠만이 주장한 확률과 통계를 도입한 기체분자운동론의 설명 자체에도 반대론자가 되었다. 과학자들은 확실하지 않은, 아주 작지만 가능성이 있는 것조차 받아들이기 싫어하고 명백한 진리만을 과학에서 추구하려고 하는 경향이 있음을 알 수 있다.

그러나 확률과 통계를 도입한 볼츠만은 그럴 확률이 너무나 작으며, 그것은 곧 현실로 그런 일이 일어나지 않는다는 것을 의미하므로 엔트로피 증가의 법칙에 위배되는 것이 아니라고 주장하였다. 하지만 '절대로' 관찰되지 않는 것과 관찰될 확률이 매우 작다는 것은 의미가 다르다.

사실 자연 현상을 이해하는데 확률의 관점을 받아들이기 시작한 지는 얼마 되지 않았다. 이제 우리는 비가 올 확률이 80%만 되어도 우산을 가지고 나가고, 서울대학교 입학생 중 강남 출신이 다른 지역보다 2배만 높다고 해도 굉장히 확률이 높다고 느낀다. 하지만 그 당시 과학자들은 볼츠만의 주장을 받아들이면 엔트로피 증가의 법칙이 절대법칙이 아니라 근사치에 해당한다고 인정하게 되는 것으로 생각하였다. 이런 점에서 과학을 바라보는 볼츠만의 생각과 그 당시 과학자들의 생각이 얼마나 다른지 알 수 있다. 아마도 열역학 제2법칙은 본질적으로 확률론적인 해석이 가능하며, 실제 상황에서 엔트로피가 감소할 확률은 무시할 정도로 작기 때문에 문제가 없다는 볼츠만의 설명은 그 당시 물리학자들에게는 궤변으로만 들렸을 것이다. 이러한 괴로운 싸움에 지친 볼츠만은 62세에 자살하고 말았다.

그 후 1870년대에 깁스(Gibbs. Josiah Willard, 1839~1903)라는 과학자 역시 기체 운동에 엔트로피의 감소 가능성을 내포하는 논문을 제출했지만, 깁스는 미국의 과학자로 볼츠만이 독일에서 어떤 싸움을 하고 있는지 알지 못하였다.

한편 막스 플랑크(Max Karl Ernst Ludwig Planck, 1858~1947)는 1897년까지도 기체 분자 운동론을 반대하였으나, 1900년에 용광로에서 발생하는 열과 빛의 파장 분포를 볼츠만 Factor로 설명하는데 성공함으로써, 볼츠만이 주장한 확률 분포 개념을 받아들이게 되었다. 또한 플랑크는 흑체 복사의 경우 에너지 분포가 불연속적임을 확인하고, 미시 세계의 입자와 에너지를 설명하는 양자역학을 탄생시켰다.

볼츠만 시대와 달리 1900년대에 들어와서 대부분의 젊은 과학자들은 기체 분자 운동론에 대한 논쟁에는 관심이 없었으며, 거부감 없이 원자의 존재를 확률과 통계의 관점으로 받아들이게 되었다.

10 물질의 용어 변천

원소, 원자, 분자, 화합물, 혼합물

우리는 원자와 분자로 물질의 구성하고, 그 물질의 성질이 결정된다고 설명한다. 하지만 역사적으로 보았을 때 원자, 분자라는 개념으로 물질의 구성과 성질을 설명한 것은 200년 정도 밖에 되지 않는다. 그 전에는 이천년간은 입자가 아닌 연속적 물질관에 의해 설명하였으며, 이 때 중요한 개념은 물질의 근본인 '원소'였다.

하지만 라부아지에는 그동안 내려오던 사변적이고 추상적인 원소에 대한 개념을 버리고, 과학적이고 실재하는 '물질'로서의 원소에 대한 개념을 만들었다. 그는 원소란 '어떤 수단을 사용하여도 그 이상으로 분해할 수 없는 물질'이라고 정의하였고, 33종의 원소를 선택하여 최초의 원소표를 작성하였다.

그 후 물질의 구성에 대한 획기적인 사고의 변화를 가져온 것은 돌턴의 원자설이라고 볼 수 있다. 그는 모든 물질들은 원자라는 입자로 구성되어 있으며, 입자인 원자는 질량을 가지고 있고, 다른 종류의 원자는 각각 다른 원자량을 가진다고 주장하였다. 이로써 실험과 관찰을 통해 확인할 수 있었던 질량보존의 법칙과 일정성분비의 법칙이라는 결과를 명쾌하게 설명할 수 있게 된 것이다. 또한 원소가 실험적으로 더 이상 분해되지 않는다는 정의를 더 이상 쪼갤 수 없는 원자로 이루어져 있기 때문이라고 설명할 수 있었다. 이제 돌턴 이후에는 고대부터 혼란스럽게 사용한 원소의 개념 없이 물질을 설명할 수 있게 되었다.

〈돌턴이 생각한 물질〉

순물질

원소 = 원자　복합원자(화합물)

(예) 수소, 산소　(예) 물

돌턴은 "원소가 화학적 방법으로 더 이상 다른 물질로 나눌 수 없는 이유는 같은 종류의 원자로 이루어졌기 때문"이라고 생각하였고, 화학적 방법으로 더 나누어질 수 있는 순물질은 "여러 종류의 원자들로 이루어진 것"이라고 보았다. 돌턴이 표현한 복합원자는 다른 종류의 원자들이 결합하여 만들어진 것이기 때문에 다른 물질로 나누어질 수 있는 것이다. 복합원자는 오늘날 화합물을 말하는데, 돌턴은 자신이 발견한 원자를 모든 물질에 적용하기 원했으므로 화합물 대신에 복합원자라는 용어를 사용하였다. 그는 이러한 표현으로 왜 원소와 화합물이 다른 반응을 하는 지에 대해 설명하고 싶었을 것이다.

사실 돌턴 시대까지는 원소라고 표현하든 원자라고 표현하든 그리 큰 문제는 없었다. 그러면 과학자들은 도대체 언제부터 원소와 원자를 구분해야 할 필요가 생긴 것일까? 그건 아마도 아보가드로의 분자가 인정되어 널리 사용되면서 부터였을 것이다. 1860년 독일의 칼스루헤에서 열렸던 제 1회 세계화학자회의에서 아보가드로의 제자였던 칸니차로에 의해 아보가드로의 분자설은 법칙으로 인정받게 되었다. 아보가드로가 제안한 분자에는 수소기체(H_2), 산소기체(O_2), 질소기체(N_2) 등이 포함된다.

여기서 아보가드로가 제안한 산소 분자, 수소 분자는 같은 종류의 원자들로 구성되었기 때문에 원소가 된다. 하지만 원자는 아니다. 이 때문에 드디어 원자와 원소의 개념이 구분되게 된 것이다.

〈아보가드로가 생각한 기체 물질〉

분자
(molecule)

원소 - 동종원자분자 | 이종원자분자 - 돌턴의 복합원자
(molecule elementaire) | (molecule integrante)

원자
(half moiecule)

아보가드로는 기체 상태에서의 물질을 molecule(분자), molecule elementaire(분자 원소), molecule integrante(분자 화합물), half molecule(반쪽 분자, 즉 원자를 의미) 등 분자의 관점에서 새로운 용어를 사용하여 설명하였다. 그에 따르면, H, O 같은 half molecule(원자)은 H_2, O_2 같은 molecule elementaire(원소)를 만들기도 하고, H_2O 같은 molecule integrante(화합물)를 만들기도 한다. 따라서 이 모든 입자들은 통틀어 molecule이라고 부를 수 있다. 돌턴은 모든 물질을 원자로 불렀다면, 아보가드로는 모든 물질을 분자로 불렀다.

그 후 화학자들은 비슷한 화학적 성질을 가지는 원소들이 있다는 것을 발견하였고, 이들의 특징을 비교하던 러시아의 화학자 멘델레예프(Dmitri Ivanovitch Mendeleev, 1834~1907)는 원자량이 작은 순서로 원소를 배열하여 같은 성질을 가지는 원소가 같은 줄에 오도록 원소의 주기율표를 발명하였다. 멘델레예프가 주기율표를 발표한 1869년 이후, 화학은 급속도로 발전되어 새로운 원소들이 속속 발견되었다.

영국의 물리학자 모즐리(Henry Gwyn-Jeffrey Moseley, 1887~1915)는 1914년 멘델레예프의 주기율표를 개선하여 원소들을 원자번호 순으로 나열함으로써 현대 주기율표를 제안하였다.

원자는 원자핵과 전자로 이루어져 있으며 원자핵은 다시 양성자와 중성자로 이루어져 있는데, 원자핵 속에 있는 양성자의 수가 곧 원자번호이며, 이것에 의해 원자의 종류가 결정된다.

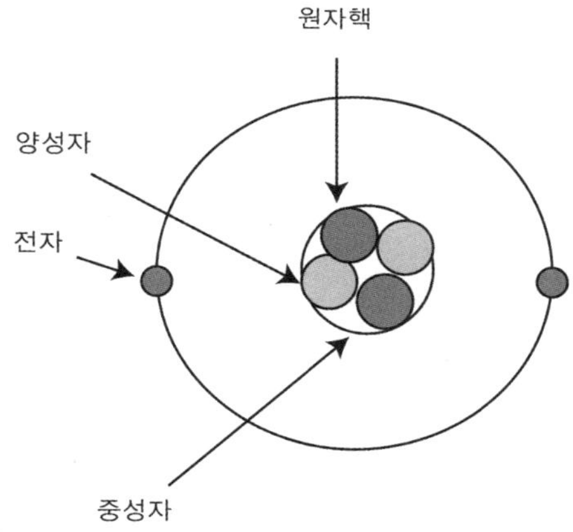

궁극의 물질의 성질을 이해하고자 하기 위한 학문으로서 화학의 종착역은 바로 '양성자'였다. 원자를 이루고 있는 입자인 양성자, 중성자, 전자 중 전자는 잃거나 얻어도 동일한 원소이지만, 양성자수가 바뀌면 원소 자체가 바뀌고 화학적 성질이 달라진다. '양성자수'는 원자의 종류를 구별하는 데 중요한 열쇠인 것이다.

이제 현대의 원소 개념은 '동일한 양성자수를 가지는 입자'인 것이다. 따라서 고대부터 지속적으로 다양한 의미로 사용되어 온 '원소'라는 단어를 쓰지 않고 양성자수의 개념으로 설명할 수 있다. 예를 들면, 원소의 주기율표는 같은 양성자수를 가지는 원자들을 나타내는 주기율표, 동위원소는 양성자수가 같은 원자들, 홑원소 물질은 한 가지 원자로만 되어있는 물질 등으로 표현할 수 있다. 또한 교과서에서 H_2O는 원소 2종류, 원자는 3개, 분자는 1개라고 배우는데, 이것을 각각 원자의 종류가 2개, 원자의 수는 3개, 분자의 수는 1개라고 바꿀 수 있다.

하지만 왜 우리는 '원소'라는 단어를 쉽게 버리지 못하는 것일까? 아마도 '원소'라는 단어를 사용하지 않고 표현하게 되면 앞처럼 길게 나타내야 되며, 원소라는 표현이 관습적으로 오랫동안 사용되어 왔기 때문일 것이다.

물론 현재 사용하는 원소라는 용어의 의미는 과거 이천년 동안 관습적으로 써왔던 성분으로서의 의미가 아니다. 다만 사용하기 편리함을 이용하여 짧게 써서 나타내는 것인데, 이 때문에 원소와 원자를 명확하게 구분하기 어려운 것이다.

원소주기율표 7)

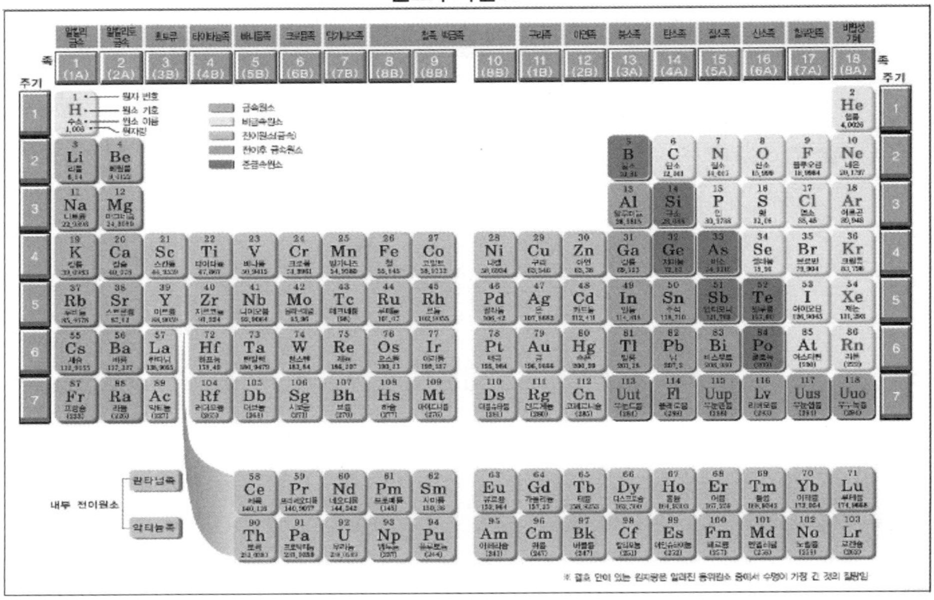

〈기존의 물질의 분류〉

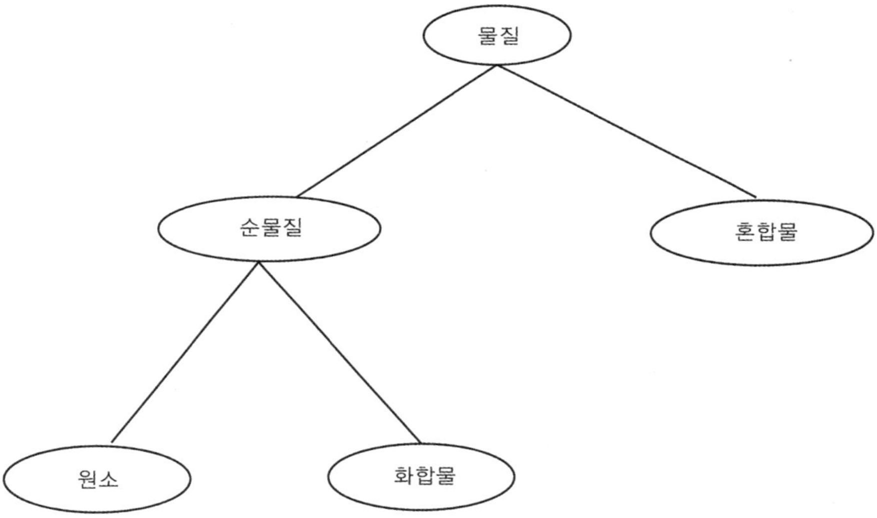

헬륨, 네온, 금, 나트륨
흑연, 수소, 산소

물, 이산화탄소

---

7) 그림출처 : http://terms.naver.com/entry.nhn?docId=933723&cid=43667&categoryId=43667

기존에는 물질을 순물질과 혼합물로 분류하고, 순물질을 원소와 화합물로 분류하면서 원소의 사례들을 나열해 주기만 하였다. 원소에는 헬륨, 네온, 금, 나트륨, 다이아몬드, 흑연, 수소, 산소 등이 있다고 사례들만 나열해 주다 보니, 이 중 원자가 무엇인지, 분자가 무엇인지 또는 동소체와 금속 물질, 결합을 하지 않는 18족 원소까지 원소 안에 구별되지 않고 포함되어 이에 대한 혼란이 계속되어 왔다. 그러므로 기존의 분류 틀은 혼란을 유발할 수밖에 없었을 것이다.

동일한 양성자수를 가지는 입자의 의미인 원소를 사용하면서 개념을 명확히 전달하고자 한다면, 원자들 간의 화학 결합 개념이 필요하다. 미국의 물리화학자 폴링(Linus Carl Pauling, 1901~1994)은 화학 결합을 구분할 때 전기음성도의 개념을 이용하여 두 원자의 전기 음성도 차이가 1.7보다 크면 이온 결합이 되고, 1.7보다 작으면 공유 결합이 된다고 하였다. 또한 전기 음성도가 낮은 금속 원자들 간에는 금속 결합을 이루게 된다고 하였다. 간단하게 정리하면 금속과 비금속 원자들 간에는 이온 결합 물질을, 금속 원자들 간에는 금속 결합 물질을, 비금속 원자들 간에는 공유 결합 물질을 형성하는 것이다.

이러한 화학 결합의 개념을 넣어 아보가드로의 분자 개념과 지으면 다음과 같은 그림으로 표현할 수 있다.

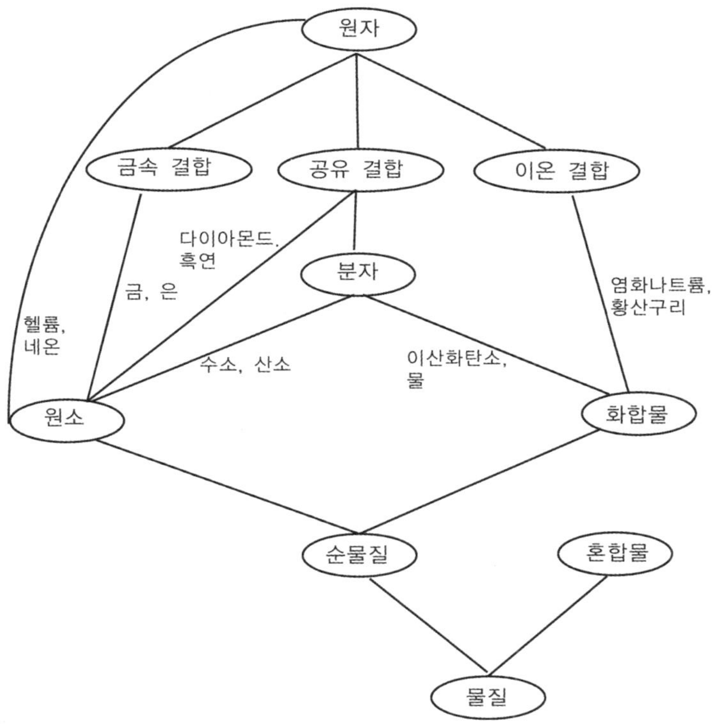

만약에 순물질을 원소와 화합물로 구분할 때 분자나 원자와 관련짓지 않는다면, 동일한 양성자수를 갖는 입자로서의 원소를 과거로부터 이어져 내려온 물질의 성분으로 생각할 수 있다.

이 책에서 제안한 그림과 같이, 현대의 원소는 이 위치에서 자리매김을 하고 있어야 한다. 결합하지 않고서 원소이면서 원자인 경우가 과거의 돌턴 시대의 개념이었다면, 그 이후에는 결합을 통해 원소, 분자, 혹은 화합물을 구성하게 되므로, 우리는 금속 결합으로부터 혹은 공유결합 중 분자로부터 오는 원소를 통해 미시의 입자와 거시의 물질을 연결 짓는 원소로서의 정의를 다시 정립하게 된 것이다.

11 산과 염기 개념 변화

아레니우스 vs 브뢴드테드-로우리

산과 염기 개념은 우리가 주변에서 쉽게 접할 수 있는 물질들을 산과 염기로 분류하고, 산과 염기를 섞었을 때 중화되면서 성질이 변하는 것을 관찰하는 내용이다. 그러나 산염기 개념의 정의가 다양한 과학자들에 의해 다르게 정의되면서, 많은 학습의 어려움이 발생하고 있다.

근대 이후 산과 염기의 성질을 과학적으로 깊이 있게 탐구한 과학자는 보일(Boyle, 1627~1691)이다. 보일(Boyle)은 산의 특징에 주목하여 연구를 하였는데, 산은 신맛과 더불어 '뛰어난 용해력'을 가지며, 몇 가지 푸른 채소를 붉게 변화시키는 특징이 있다는 것을 알았다. 따라서 많은 과학자들은 산을 용매로 사용하여 다양한 물질을 만들거나 분해하였다. 한편, 산의 성질을 잃어버리게 하는 반대 성질의 물질도 발견되었는데, 이를 염기라고 불렀다. 염기는 보편적으로 미끈거리는 촉감을 가지며, 기름과 황을 용해시키는 능력이 있고, 몇 가지 붉은 채소를 푸르게 변화시키고, 산성 용액의 성질을 없애버리는 특징이 있다. 보일은 산 용액이 염기 용액을 만나서 그 성질을 잃어버리는 반응을 중화반응이라고 불렀다.

또한 보일은 산과 염기가 채소와의 반응에서 차이가 있다는 것을 이용하여 리트머스 이끼로 지시약을 만들었는데, 그것이 바로 리트머스 시험지이다.

오늘날 '푸른색 리트머스 종이를 붉게 변화시키는 것은 산', '붉은 색 리트머스 종이를 푸르게 변화시키는 것은 염기'라는 정의는 바로 보일의 리트머스 지시약의 변화를 표현한 것이다. 그러나 지시약은 산과 염기를 구별하는 도구이지, 그 자체가 산과 염기의 정의는 아니다.

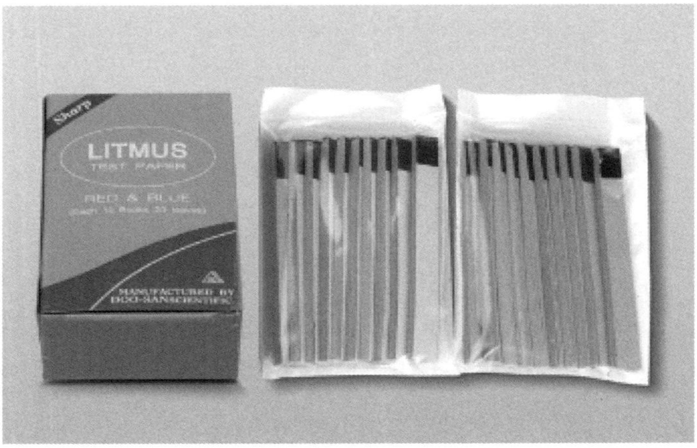

리트머스 시험지

라부아지에(Lavoisier, 1743 ~ 1794)는 1777년 연소 과정에 관여하는 공기 중의 기체를 찾아내었으며, 이 기체가 산의 근원이라고 생각하여 '산소'라고 불렀다. 그리고 산성을 띠는 용액은 산소를 포함한다고 생각하였다. 이러한 그의 생각은 19세기까지 많은 사람들이 받아들였다.

그러나 당시 유명한 과학자였던 베르톨레(Berthollet, 1748-1822)는 산소를 포함하지 않은 많은 산성 용액을 알고 있었으며, 따라서 라부아지에의 주장을 반박하였다. 그 후 데이비(Davy, Humphry, 1778-1829)는 매우 강한 산이라고 믿었던 염산이 오직 수소와 염소 원소로만 이루어져 있음을 증명하고, 산의 조건이 산소가 아니라 수소임을 제안하였다. 1839년 리비히(Liebig, Justus, 1803-1873)는 산을 '금속에 의해 치환될 수 있는 수소를 포함하는 화합물'로 정의하였다.

볼타에 의한 전지의 발달에 따라, 화학자들은 모든 종류의 물질을 분석하기 위해 전기분해라는 새로운 장치를 사용하기 시작하였다. 베르셀리우스(Berzelius, Jons Jacob, 1779-1848)는 1803년 소금 용액을 전기 분해하면 음극에서 염기성이 나타나고, 양극에서 산성이 나타남을 발견하여 산-염기 반응이 단순한 전기적 끌림의 결과라고 결론지었다.

스웨덴의 화학자 아레니우스(Arrhenius, Svante, 1859-1927)는 전기화학을 연구하면서 염, 산성, 염기성의 수용액이 전류를 통하게 하는 액체라는 것을 관찰하고, 1884년 전기를 띤 입자인 '이온'의 존재를 제안하였다. 이를 통해 그는 삼투 현상이나 끓는점 오름, 어는점 내림과 같은 현상이 관찰될 때, 용매에 넣은 용질의 몰수보다 더 큰 효과가 나타나는 물질은 용질이 이온으로 분리되기 때문이라고 주장하였다. 이러한 주장을 근거로 그는 용질의 이온화도를 제안하였다.

그리고 그는 1887년 '산은 수용액에서 이온화하여 수소 이온(H^+)을 내놓는 물질'이며, '염기는 수용액에서 이온화하여 수산화 이온(OH^-)을 내놓는 물질'이라고 정의하였다. 아레니우스의 정의에 따르면 염산(HCl)이나 수산화나트륨(NaOH)이 산과 염기인 이유는 수용액에서 다음과 같이 이온화하여 수소 이온과 수산화 이온을 내기 때문이다.

$$HCl(aq) \rightarrow H^+(aq) + Cl^-(aq)$$
$$NaOH(aq) \rightarrow Na^+(aq) + OH^-(aq)$$

그는 중화반응을 산과 염기가 만나서 물과 염이 생성되는 것으로 정의하였다. 따라서 중화반응을 통해 물이 생성되지 않는다면, 아레니우스의 중화 개념이 아니라고 할 수 있다.

아레니우스의 산과 염기 개념은 가장 보편적으로 쓰이고 있다. 그러나 수용액에서 수소 이온(H^+)이나 수산화 이온(OH^-)을 내어 놓는 물질에는 유용하지만, 수용액이 아닌 물질의 반응에는 적용이 안된다. 그리고 약산이나 약염기처럼 반응이 진행되면서 역반응도 일어나는 경우에도 잘 맞지 않는다. 그러나 산이 물과 반응하면 수소 이온(H^+)은 홀로 존재하지 않고, 물 분자와 공유결합하여 옥소늄 이온($H3O^+$)을 형성한다. 즉, 새로운 물질이 형성되면서 화학반응을 하는 것이므로 산염기 반응으로 볼 필요가 있다. 물과의 반응은 아레니우스의 정의로는 설명할 수 없다. 따라서 이 반응을 산 염기 반응으로 본 것은 브뢴스테드-로우리이다.

산과 물의 반응은 소금이 물에 녹아 전해질 용액이 되는 현상과 구분할 필요가 있다. 산과 물의 반응은 새로운 물질이 만들어지는 화학반응이고, 소금과 물의 반응은 이온화결합물질이 해리되는 물리반응이다.

$$HCl + H_2O \rightleftarrows H_3O^+ + Cl^-$$

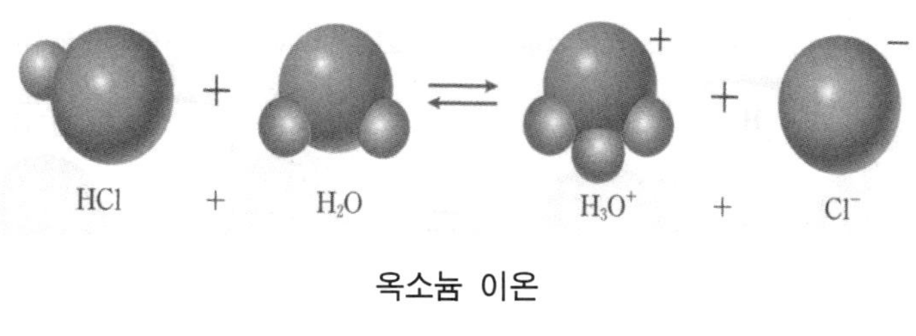

옥소늄 이온

$$NaCl + H_2O \rightarrow Na^+ + Cl^- + H_2O$$

이온결합 물질인 수산화나트륨(NaOH)이 나트륨 이온(Na^+)과 수산화 이온(OH^-)으로 이온화될 때에도 다량의 열이 발생하게 되는데, 단순히 이온화되는 과정으로는 그만한 열이 발생할 수 없다. 이는 해리된 OH^-가 물과 반응하여 물이 되고 다시 수산화 이온을 내기 때문이다.

$$NaOH + H_2O \rightarrow Na^+ + OH^- + H_2O \rightleftarrows Na^+ + H_2O + OH^-$$

수용액에서 일어나는 산염기 반응에서는 항상 생성된 산이나 염기 이온과 물의 반응이 있는데, 산과 염기가 직접 만나는 경우에는 남은 이온들과 물의 반응은 표면적으로 잘 드러나지 않는다. 이 때문에 같은 양의 산과 염기가 반응한 후에도 물의 액성이 산성이나 염기성을 띠는 이유를 설명하는데 어려움이 생긴다.

이를 식물의 광합성과 호흡에 비유하자면, 호흡은 밤에도 낮에도 하지만, 광합성은 낮에만 하는데, 광합성을 해서 내놓는 산소의 양이 호흡으로 소모하는 산소의 양보다 훨씬 더 많으므로 낮에는 광합성만 하는 것처럼 오해할 수 있는 상황과 유사하다. 산이나 염기는 물을 만나면 반응하는데, 수용액에서 산과 염기가 직접 만날 때에는 물과의 반응이 눈에 뜨이지 않는 것이다. 단지 산 염기 반응 중 한 물질이 약산이나 약염기일 경우 중화점에서 물과의 반응이 최종 액성에 영향을 준다.

1923년에 영국의 화학자 로우리(Lowry)와 덴마크의 화학자 브뢴스테드(Brønsted)는 두 물질이 만났을 때 수소 이온을 이끄는 정도의 차이에 초점을 두고 수소 이온이 이동하는 반응을 중화 반응으로 정의하였다. 이때 수소 이온을 주는 쪽을 산, 수소 이온을 받는 쪽을 염기로 정의하였다. 즉, 브뢴스테드-로우리의 산과 염기 개념에 따르면 '산이란 양성자(H^+)를 내놓는 물질'이며, '염기란 양성자(H^+)를 받는 물질'이다. 중화 반응의 결과는 항상 역으로 수소 이온을 주고 받을 수 있는 짝산과 짝염기가 생성된다. 이러한 중화반응의 개념은 아레니우스의 물과 염이 생성된다는 개념과 매우 다르며, 특히 가역반응을 고려하였다는 점에서 차이가 분명히 난다. 그래서 브뢴스테드-로우리의 산과 염기의 화학 반응식에서는 일방 반응을 의히하는 '→' 대신, 가역 반응을 의미하는 '⇄' 의 기호를 사용하여 반응을 표현한다.

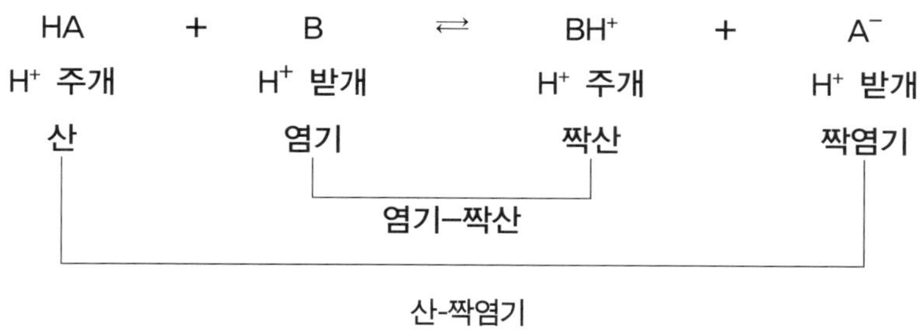

아레니우스의 정의와는 달리 브뢴스테드-로우리의 이론에서는 산-염기 반응이 평형의 의미를 포함하고 있다. 산-염기의 반응을 기본적으로 정반응과 역반응이 모두 가능한 '가역 반응'으로 정의하고 있는 것이다. 아레니우스는 강산과 강염기에 초점을 두었다면, 브뢴스테드-로우리는 약산과 약염기의 반응에 초점을 두었다고 할 수 있다.

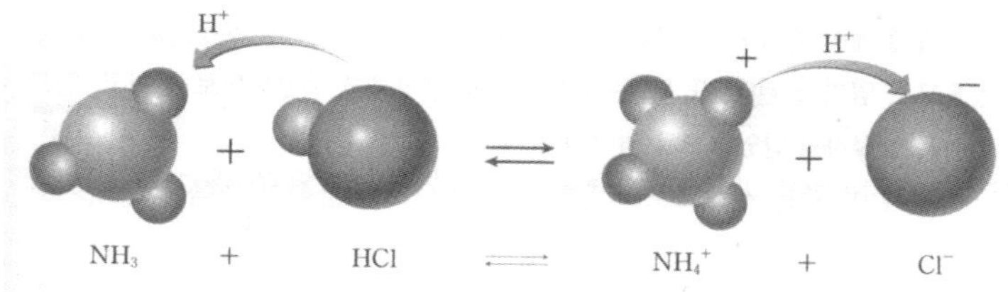

암모니아와 염화 수소의 반응

아레니우스의 산과 염기에 대한 정의가 절대적인데 비해, 브뢴스테드-로우리의 산과 염기에 대한 정의는 한 물질이 상황에 따라 산도 염기도 될 수 있는 상대적인 개념이라고 본다. 물(H_2O)은 pH가 7인 중성이지만, 수소 이온(H^+)을 주고 OH^-가 되거나 수소 이온(H^+)을 받아 H_3O^+가 될 수도 있는 물질이기 때문에 브뢴스테드-로우리의 정의에 의하면 산으로도, 염기로도 작용할 수가 있다. 이러한 물질의 상대적 개념은, 절대적 개념을 가진 아레니우스의 정의를 받아들인 학생들에게 어려운 개념으로 인식된다.

또한, 브뢴스테드-로우리의 산-염기 반응은 물이 아닌 다양한 용매에서도 일어날 수 있고, 기체 상태에서도 일어날 수 있다. 예를 들어, 염산과 암모니아 기체의 반응처럼 용매가 없는 기체 상태에서도 산-염기 반응은 일어날 수 있다.

염화 수소와 물의 산염기 반응에서 물은 실제로는 염기성을 띠지 않는다. 하지만 양성자(H^+)를 받는 것이 염기라는 정의를 함으로써 물을 염기라고 본다. 또한 염화 이온(Cl^-)도 염기성을 가지지 않지만 양성자를 받기 때문에 염기가 된다.

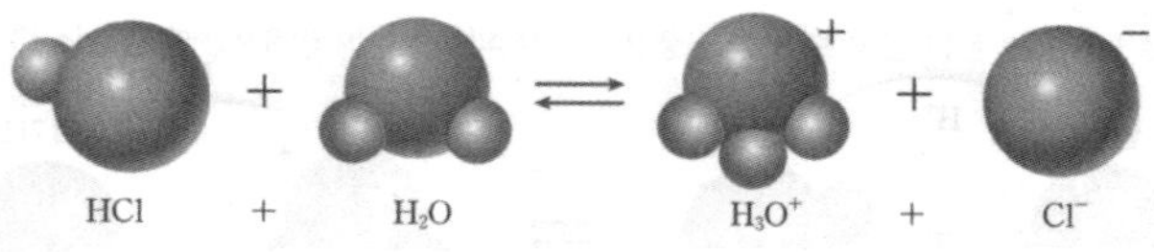

염화수소와 물의 반응

산과 물이 반응하는 경우에 수소 이온의 주고 받게가 일어나지만, 산의 성질이나 염기의 성질을 잃어버리지 않고, 오히려 해리되면서 생긴 이온 때문에 산성이 더 강하게 나타난다. 예를 들어 진한 황산은 산의 성질을 안나타내지만, 묽은 황산은 산의 성질을 매우 강하게 나타낸다. 즉. 산이 물과 반응한 후에 수소 이온의 주고 받개의 개념으로 보아 이를 산염기 반응으로 구분할 수 있다.

그렇다면 수소 이온의 이동이 없는 반응은 산염기 반응이 아닐까? 1923년 브뢴스테드와 로우리가 동시에 산염기 정의를 발표한 그 해에, 미국의 화학자 루이스도 다른 산염기 정의를 발표하였다. 그는 공유결합 물질의 배위결합에 초점을 두어서 양성자를 갖지 않는 화학종이라도 전자쌍을 주거나 받는 반응이면 산염기 반응으로 정의하였다. 하지만 루이스 이론은 전에 나온 모든 다른 산 · 염기 이론들과는 많은 차이가 있었다. 그러므로 대부분의 화학자들은 관심을 기울이지 않았고, 약 15년 동안이나 무시되었다. 산과 염기에 대한 루이스의 정의는 나중에서야 널리 인정받게 되면서 현재에 이르게 된다.

루이스는 염기가 양성자를 받을 때 양성자와 비공유 전자쌍을 공유하여 새로운 공유 결합을 형성한다는 것에 주목하여 산과 염기의 반응을 '배위 공유 결합의 형성'으로 보았다.

루이스는 산염기를 '비공유 전자쌍'을 주고받을 수 있는 공유결합 물질만으로 정의하였다. 금속은 전기 음성도가 작아서 전자를 쉽게 잃어버리고 양이온이 되는데, 이 때문에 금속 이온들은 쉽게 비공유 전자쌍을 받을 수 있게 되고 그러므로 루이스의 산이 된다.

$$Cu^{2+}(aq) + 4NH_3(aq) \leftrightarrows [Cu(NH_3)_4]^{2+}(aq)$$

또한 이온이 아닌 BF_3 같은 분자도 붕소 주위에 8개의 전자가 채워지지 않았기 때문에 비공유 전자쌍을 받아들일 수 있으므로 루이스의 산이 된다.

$$BF_3(g) + :NH_3(g) \rightarrow F_3B:NH_3(s)$$

배위결합하지 않는 금속과 산의 반응은 홀 전자의 이동을 통해 반응이 일어나므로 산염기의 반응으로 넣지 않고, 산화 환원 반응으로 구분한 것이 이 정의의 특징이다.

따라서 루이스의 정의로 인해 산염기 반응과 산화 환원 반응은 구분되기 시작하였다고 말할 수 있다. 그래서 많은 질문들이 "다음 중 산화환원 반응이 아닌 것은?"이라고 제시하고, 주로 산염기 반응을 고르도록 하고 있다.

그 후에 1939년 러시아의 화학자 우사노비치(Usanovich, Michail Illyich, 1894-1981)는 'positive-negative'이론을 제안하였다. 그는 양성자가 없어도 산이란 '염기와 반응하거나, 양이온을 주거나, 또는 음이온이나 전자를 받는 화학종'으로 정의하였다. 반대로 염기란 '산과 반응하거나, 양이온을 받거나, 또는 음이온 또는 전자를 주는 화학종'으로 정의하였다. 예를 들어, SO_3는 O_2^- 음이온과 결합해서 SO_4^{2-}를 만들 수 있으므로 산인 것이다. 이러한 정의에 따르면 대부분의 화학반응들은 산염기 반응으로 분류된다.

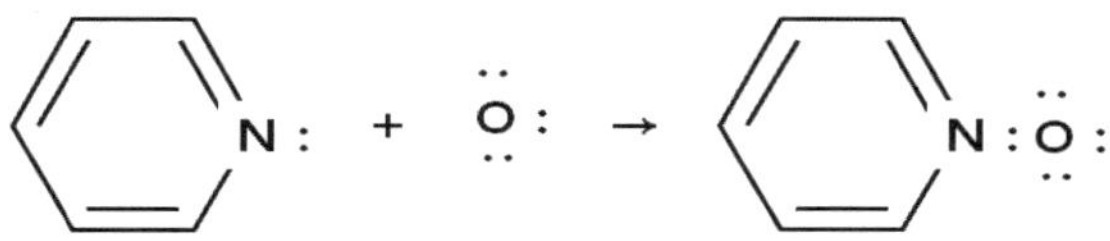

$$OH^- + O{=}C{=}O \rightarrow HOCO_2^-$$

그러나 이온의 중요성을 너무 강조하였으며, 대부분의 화학자들이 받아들이지 않았던 생각인 산-염기 상호작용의 특별한 형태인 산화-환원 반응까지 확장하여 범위가 너무 넓어졌기 때문에 비판을 받았다. 또한 러시아어를 읽지 못하는 화학자들은 원문에 접근하기 어려워서 이론이 널리 알려지지 않았다.

지난 300년 동안 제안되어 온 산 · 염기 이론들 중 유용한 것으로 남아있는 세 가지는 아레니우스, 브뢴스테드-로우리, 루이스의 이론이다. 그러나 각각의 산 · 염기의 정의를 가르칠 때, 정의의 특징과 관점, 제한점 등을 제대로 파악하는 것이 중요하다. 이를 정리하여 표로 제시하면 다음과 같다.

구분	Arrhenius의 이온화 이론	Br ø nsted-Lowry의 양성자 이론	Lewis의 전자 이론
산	물에서 H^+ 공급자	양성자(H^+) 주개	전자쌍 받개
염기	물에서 OH^- 공급자	양성자(H^+) 받개	전자쌍 주개
중화반응	물 형성	양성자(H^+) 전달	배위 공유 결합 형성
반응식	$H^+ + OH^- \rightarrow H_2O$	$HA + B \rightleftarrows BH + A$	$A + :B \rightarrow A:B$
특징 및 제한점	•수용액에서만 적용 •일방적 방향의 반응만 고려	•양성자(H^+) 전달 반응에서만 적용 •정반응과 역반응 동시에 고려	•배위결합에만 적용 •빈 오비탈을 채울 때 전자의 위치에너지 고려

또한 아레니우스는 물질에 존재하는 특성(수소 이온이 있는지, 수산화 이온이 있는지 등)에 초점을 두지만, 브뢴스테드-로우리나 루이스의 정의에서는 물질의 특성보다는 상대적으로 어떤 물질과 만나서 반응하느냐에 따라 산과 염기의 정의가 달라진다. 예를 들어 물을 만나면 암모니아는 염기가 되지만, 수산화 나트륨을 만나면 암모니아는 수소 이온을 빼앗기고 산으로 작용하게 된다. 따라서 브뢴스테드-로우리나 루이스의 정의는 반응과정 관점에서 이해하는 것이 필요하다.

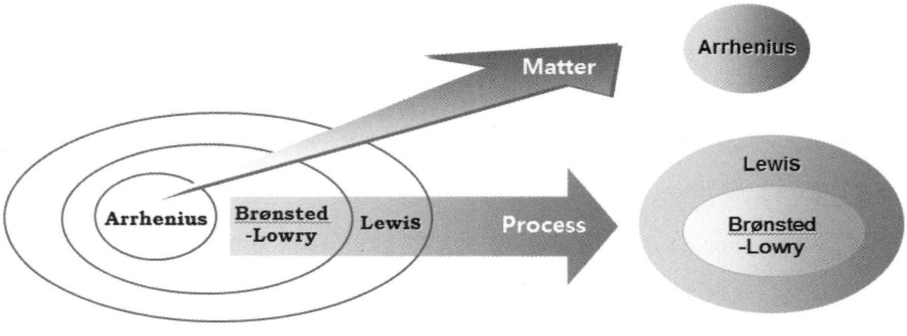

산염기 개념에서 매우 중요한 것은 세기의 개념이다. 산의 세기는 어떻게 구별할까? 산의 농도와 산의 세기를 혼동하는 경우에는 매우 진한 아세트산 용액이 아주 묽은 염산보다 강산이라고 착각하게 된다. 비록 매우 진한 아세트산 용액 안에 수소이온의 수가 더 많아도 아세트산은 본래 그 자체가 약산이고, 염산은 아무리 묽어도 그 자체가 강산이다. 강산이냐 약산이냐는 상황에 따라 달라지는 것이 아니라 본래 가지고 있는 그 물질의 성질이기 때문이다.

산의 세기는 '이온화도'에 의해 결정되며, 아레니우스가 제안한 강산이나 약산의 정의는 아주 묽은 수용액을 전제조건으로 하기 때문에 물질의 고유한 성질이다. 이 때 이온화도란 산이나 염기와 같은 전해질이 용액이고 얼마나 이온화하느냐 하는 정도를 말한다. 강산은 농도가 변할 때 이온화도에 큰 변화가 없지만 약산의 이온화도는 농도가 증가할수록 작아진다. 하지만 아무리 변해도 약산이 강산이 되는 상황은 발생하지 않는다.

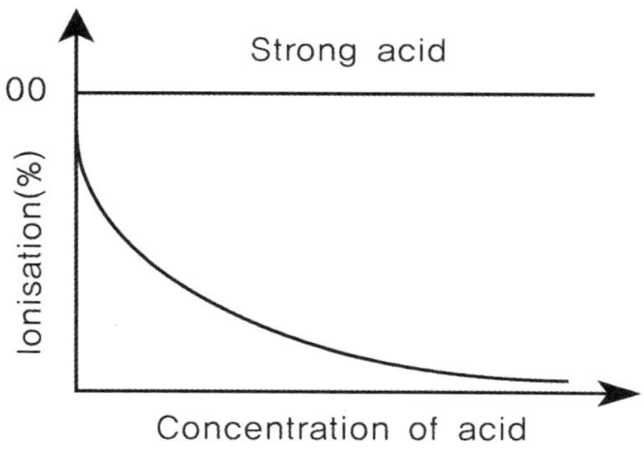

농도에 따른 산의 이온화도

$$\text{이온화도}(\alpha) = \frac{\text{이온화된 전해질의 몰 수}}{\text{용해된 전해질의 전체 몰 수}}$$

대부분의 화학 교과서에서 강산이나 강염기는 수용액에서 대부분 이온화하고, 약산이나 약염기는 수용액에서 일부만 이온화한다고 설명한다. 그리고 다음 표와 같이 이온화도 0.90 이상의 물질을 강산이나 강염기로 분류한다.

표. 몇 가지 산과 염기의 이온화도(18℃, 0.1mol/L)

산	이온화도	염기	이온화도
HCl	0.94	NaOH	0.91
HNO_3	0.92	KOH	0.91
CH_3COOH	0.013	NH_3	0.013

하지만 아레니우스의 정의에 따르면, 모든 강산은 물속에서 이온화도가 1이다. 그리고 농도나 온도에 무관하게 물에서 항상 100% 완전히 이온화된다고 보아야 한다. 왜냐하면 강산의 본래 정의는 현재의 농도가 아니라, 전제조건으로 아주 묽은 용액을 포함하기 때문이다.

표. 염산, 황산, 아세트산의 이온화도(25°C, 1기압)

산의 농도(M)	염산(백분율)	황산(백분율)	아세트산(백분율)
0.0001	-	100	41
0.001	100	95	12.6
0.01	97	90	4.5
0.05	-	64	1.90
0.1	92	60	1.35
0.2	-	57	0.925
0.5	84	54	-
1.0	80	50	0.43
2.5	64	35.2	0.20
5.0	42	19.6	0.092
7.0	30.3	10.3	0.051
10.0	18.2	3.80	0.19

산의 세기 개념과 산성의 개념은 다르다. 묽은 염산이 진한 아세트산보다 산성이 더 '강하게' 나타날 수 있다. 예를 들어 산의 성질이 더 강하게 나타나는 증거로 '마그네슘과 반응하여 수소 기포가 생성되는 정도'를 비교한다면, 진한 아세트산의 세기가 묽은 염산보다 더 '세다'라고 말할 수 있다. pH 값은 수용액의 액성이 산성인지 염기성인지 쉽게 알아보기 위해 고안된 도구로 수소 이온의 농도를 의미하는 값이다. 따라서 산의 세기를 표현해주는 도구로 사용하면 안된다.

또한 진한 황산은 산의 성질을 띠지 않고, 묽은 황산이 산성을 띠지만, 진한 황산과 묽은 황산은 모두 강산이다. 황산의 성질이기 때문이다. 그런데 학생들은 pH 값을 가지고 액성이 아닌 산의 세기를 구분하려고 한다. 이는 산의 세기라는 용어가 가지는 의미 전달의 문제라고 할 수 있다.

이온화도 α는 아레니우스가 만든 개념이다. 1888년에 오스트발트(Wilhelm Ostwald, 1853~1932)는 질량보전의 법칙을 전해질과 그 이온들 사이에 적용하여 '묽힘 법칙(Law of Dilution)'을 유도하였다. 그는 전해질의 몰농도(C), 이온화도(α), 이온화 상수(K)의 관계식을 유도하였다. 그리고 약전해질(약산)에서 이온화도가 아주 작으므로 (1-α≈1)이라고 가정하여 최종식을 유도하였다.

$$\begin{array}{cccc} HA & \leftrightarrows & H^+ & + & A^- \\ C(1-\alpha) & & C\alpha & & C\alpha \end{array}$$

$$K = \frac{C\alpha^2}{1-\alpha} = \frac{n\alpha^2}{V(1-\alpha)} = \frac{n\alpha^2}{V}$$

따라서 이 이온화도와 이온화상수의 관계를 설명할 때 사용되는 공식

$K_a = \frac{[H_3O^+][A^-]}{[HA]} = \frac{C\alpha \cdot C\alpha}{C(1-\alpha)} = \frac{C\alpha^2}{1-\alpha}$은 약산에만 적용이 가능하다. 강산은 수용액에서 완전히 이온화되므로, 가역 반응이 아니라 정반응으로 완전히 반응이 진행됨을 의미한다. 그러므로 Ka 값은 무한히 큰 값을 갖는다.

그러나 교재에는 강산의 이온화상수가 제시되어 있다. 혹은 약산의 이온화도가 제시된다. 다음 표는 Solomon의 유기화학 교재에 제시된 이온화상수 값이다. 강산의 이온화상수는 어떻게 측정할까? 이 강산의 경우 수용액에서 이온화도는 모두 1이 되기 때문에 다른 용매를 사용하여 상대적인 크기를 측정한다. 비록 동일한 표 안에 있다고 해도 동일한 용매 안에서 측정한 것이 아님을 알아야 한다.

	산	pKa	짝염기	
가장 강한 산	HI	-10	I^-	가장 약한 염기
↑	H_2SO^4	-9	HSO_4^-	↓
	HBr	-9	Br^-	
	HCl	-7	Cl^-	
	$H3O^+$	-1.74	H_2O	
	HNO_3	-1.4	NO_3^-	
	HF	3.2	F^-	
	CH_3COOH	4.75	CH_3COO^-	
	H_2CO_3	6.35	HCO_3^-	
	$NH4^+$	9.2	NH_3	
	HCO_3^-	10.2	CO_3^{2-}	
	H_2O	15.7	OH^-	
	CH_3CH_22OH	16	$CH_3CH_2O^-$	
	HC≡CH	25	$HC≡C^-$	
	H_2	35	H^-	
	NH_3	38	NH_2^-	
	$CH_2=CH_2$	44	$CH_2=CH^-$	
가장 약한 산	CH_3CH_3	50	$CH_3CH_2^-$	가장 강한 염기

강산의 경우에 수용액에서는 이온화 상수 Ka는 너무 커서 측정할 수 없다. 그러나 사용하는 용매가 충분히 약한 염기(물보다 H^+를 받아들이는 경향이 작은 것)이면, 비교적 강한 산일지라도 부분적으로만 이온화된다. 즉, 동일한 세기로 평준화되지 않는다. 예를 들면, 아세트산(CH_3COOH) 용매에서 HCl은 $HClO_4$보다 이온화가 덜 되므로 HCl은 $HClO_4$보다 약한 산인 것이다.

12 산화환원 개념 변화

폴링 vs 굿스테인

산화·환원 개념은 역사적 발달에 따라 다르게 변화되었다. 초기에는 라부아지에의 주장에 의해 산화 환원반응에는 산소의 이동이 중요하게 다루어졌다. 그 후에는 수소의 이동, 그리고 전자의 이동, 그리고 마지막으로 산화수의 변화 관점으로 변화되었다.

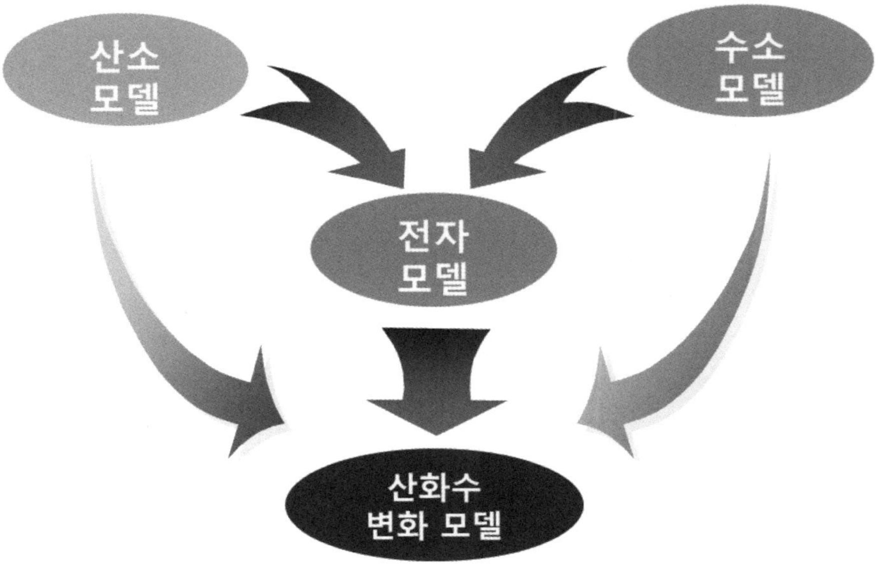

산화 · 환원 개념의 변천

그러나 많은 학생들이 산화수 변화 관점으로 산화환원반응을 이해하는데 어려움을 겪고 있으며, 그 원인이 너무 많은 다양한 모델을 동시에 제시하기 때문이라고 주장하기도 한다.

예를 들어, 다음 반응에서 산소 이동 모델에 의하면 수소 이온은 산소를 얻어 산화 되는 것이고, 전자 이동 모델에 의하면 수소 이온은 산화 이온으로부터 전자를 얻어 환원이 된다. 그러나 산화수 변화 모델에 의하면 수소의 산화수는 +1로 변화가 없으므로 산화되거나 환원되지 않는다. 따라서 어떤 모델을 적용하느냐에 따라 수소 이온은 산화되기도 하고 환원되기도 하고, 혹은 아무런 일도 일어나지 않게 되는 것이다.

$$5Fe^{2+}(aq)+MnO_4^-(aq)+8H^+(aq) \rightleftarrows 5Fe^{3+}(aq)+Mn^{2+}(aq)+4H_2O(l)$$

오늘날 대부분의 교재에서 산화환원 정의를 위해 사용하는 모델은 산소 모델, 수소 모델, 전자 모델, 그리고 산화수 모델 등 4가지이다. 따라서 이렇게 다양한 모델이 반응 상황에 맞추어 다르게 사용되는 것 뿐 아니라 사용하는 방법도 교재마다 다양하다. 예를 들어 무기화학 교재에서는 주로 전자 이동 모델과 산화수 변화 모델을 사용하고, 유기화학 교재에서는 산소 이동 모델과 수소 이동 모델을 사용하고, 생화학 교재에서는 주로 수소 이동 모델을 사용한다. 이는 각 모델이 관련된 물질의 변화를 다루는데 더 수월하기 때문이겠지만, 이러한 교재마다 다른 설명은 산화환원의 이해에 어려움을 제공한다. 그러나 교재 안에서 왜 모델을 다르게 사용하는 지에 대한 언급은 없으며, 두 개 이상의 모델을 사용한 경우에도 어떤 모델을 어떤 때에 사용한다는 설명이 제시되어 있지 않다. 이러한 문제 때문에 특히 공유결합의 경우 산화환원을 다루는 유기화학분야에서 학생들의 혼란이 매우 커진다.

그래서 여러 연구에서 전자의 이동이나 산화수 변화 모델 중 하나로 통일하자는 움직임도 있다. 현재 교과서와 교사들이 가장 선호하는 모델은 전자이동 모델이다. 그러나 이 모델조차도 종종 문제가 발생한다. 왜냐하면 공유결합 물질의 경우에는 전자가 실제로 이동하지는 않기 때문이다. 따라서 이러한 단점을 극복하는 최선의 모델로 산화수 변화 모델이 제안되었다. 그러나 산소, 수소, 전자와 같은 모델은 구체적인 물질의 이동을 관찰할 수 있지만, 산화수는 가상적으로 부여하는 임의적인 값이기 때문에 이를 근거로 산화환원 반응을 판별하는 것도 쉽지 않다.

특히 산화수의 개념 자체는 오랜 세월 동안 지속적으로 변화되어 와서 동일한 이름이지만, 이를 인식하는 방식은 다양하다. 따라서 동의어라고 해서 같은 의미를 가진다고 생각하고 논의하다 보면, 서로의 다른 시각 때문에 의사소통에 문제가 발생하는 일이 생긴다. 산화수를 계산하는 임의적인 방법도 통일되지 않아서, 폴링, IUPAC, Atkins 등이 다른 규칙과 정의를 제안하였다.

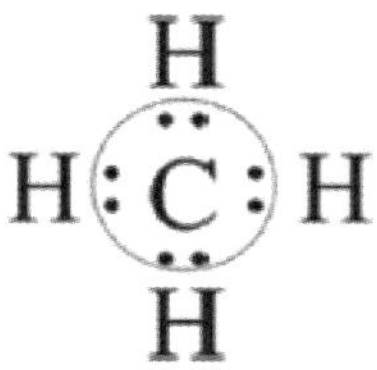

CH_4의 경우에 폴링의 방법에 따르면 탄소의 산화수는 -4이다. 그러나 수소와 탄소의 전기음성도 차이를 고려할 때, 수소를 +1, 탄소를 -4의 산화수를 부여하는 것은 매우 이상해 보인다.

이러한 산화환원반응 정의의 임의성과 복잡함으로부터 학생들을 돕기 위해 몇몇 연구에서는 소프트웨어를 개발하기도 하였으나, 결국 너무나 모델이 대략적이고 제한적이기 때문에 모든 경우에 맞는 도구를 찾지 못하였다. 또한 분자 중에 어느 원소를 먼저 선택하여 절대적인 산화수를 부여하는가에 따라 연결된 다른 원소의 산화수가 달라지는 문제도 있었다.

사실 과학에서 배우는 정의가 매우 임의적이라고 하면 불편한 마음이 들 것이다. 그래서 구체적으로 확인 가능한 전기음성도의 변화, 혹은 전자 밀도의 변화로 산화수의 변화를 재정의하려는 주장도 있었다. 특히 실제적인 전자의 이동이 일어나지 않고 전자 밀도의 변화만 일어나는 반응을 다루는 유기화학의 경우에 이러한 재정의가 필요하다.

많은 화학자들이 산화수의 변화로 산화환원 정의를 하는 것에는 어느 정도 의견이 모아졌지만, 산화수가 무엇인지에 대한 합의는 아직 명확하게 이루어지지 못하였다. 산화수의 개념은 역사적 발달을 하였기 때문에 다양한 정의가 현재 혼용되고 있다. 또한 끊임없이 새로운 정의가 제안되기도 한다. 예를 들어 형식전하의 변화나 평균 산화수로 정의하는 것도 제안되었다.

산화환원 반응은 본래 산염기 반응과 관련되어 발달하였다. 이 후 화학이 발달하면서 산염기와 산화환원을 구분되었고, 이때 분류의 기준에 대한 논란이 시작된 것이다.

물질의 반응성, 혹은 친화력은 물질의 전기적 성질과 관련이 있으며, 이에 따라 폴링은 전기음성도라는 물질의 고유한 성질을 정의하였다. 그러나 전기음성도의 값 자체를 어떻게 결정하는가에 대한 관점은 학자마다 다르다.

	1	2	3	4	5	6	7	8
2	Li (0.50)	Be (1.00)	B (1.50)	C (2.00)	N (2.50)	O (3.00)	F (3.50)	Ne (4.00)
3	Na (0.33)	Mg (0.67)	Al (1.00)	Si (1.33)	P (1.67)	S (2.00)	Cl (2.33)	Ar (2.67)
4	K (0.25)	Ca (0.50)	Ga (0.75)	Ge (1.00)	As (1.25)	Se (1.50)	Br (1.75)	Kr (2.00)
5	Rb (0.20)	Sr (0.40)	In (0.60)	Sn (0.80)	Sb (1.00)	Te (1.20)	I (1.40)	Xe (1.60)
6	Cs (0.17)	Ba (0.33)	Tl (0.50)	Pb (0.67)	Bi (0.83)	Po (1.00)	At (1.17)	Rn (1.33)
7	Fr (0.14)	Ra (0.29)						

Figure 1. Rodebush V/S electronegativity values.

	1	2	3	4	5	6	7	8
2	Li (1.29)	Be (2.54)	B (3.87)	C (5.16)	N (6.71)	O (8.19)	F (10.0)	Ne (NG)
3	Na (1.02)	Mg (1.76)	Al (2.45)	Si (3.13)	P (3.83)	S (4.55)	Cl (5.20)	Ar (NG)
4	K (0.87)	Ca (1.42)	Ga (2.20)	Ge (2.74)	As (3.26)	Se (3.78)	Br (4.24)	Kr (NG)
5	Rb (0.82)	Sr (1.33)	In (1.92)	Sn (2.36)	Sb (2.84)	Te (3.27)	I (3.74)	Xe (NG)
6	Cs (0.77)	Ba (1.21)	Tl (1.78)	Pb (2.18)	Bi (2.60)	Po (3.02)	At (NG)	Rn (NG)
7	Fr (NG)	Ra (1.24)						

Figure 2. Cartledge $\phi^{0.5}$ values (NG means "not given").

그러다 보니, 아주 작은 차이가 나는 전기음성도 값을 가지는 원소들의 순서는 방법에 따라 역전되기도 한다. 이렇게 정의가 다른 이유는 원자가 전자를 끌어당기는 힘의 크기를 어떤 것을 기준으로 정하느냐에 대한 시각 차이 때문이다. 즉 원자가 전자를 잡아당기는 힘은 다른 원자와의 결합 과정에서 상대적 크기에 따라 달라지기 때문이다. 이는 전기음성도 값 자체가 원자 고유한 값이 아니라 원자들 사이의 관계로부터 규정된다는 것을 의미한다.

이러한 제안은 원소의 반응성을 그 자체의 특성으로 보지 않고, 원소들 사이의 관계로 보는 시각이다. 따라서 전기음성도 혹은 산화수라는 원자의 속성은 절대적인 것이 아니라 상대적인 개념으로 변화한 것이다. 이는 물질론적 인식론에서 과정론적 인식론으로의 전환이라고 할 수 있다. 그리고 이러한 정의의 구분은 산염기에서도 유사하다.

따라서 산화수의 개념을 물질적 관점으로 받아들인 사람에게 과정적 관점으로 산화수를 설명하는 것은 인식의 전환을 요구하는 것이므로 개념이 매우 모호하고 가변적이며, 실체가 없다고 느낄 수 있다. 이 때문에 산소나 수소, 전자 모델과 달리 산화수 모델에 대해 많은 사람들이 임의적이라고 표현하는 것이다. 산소, 수소, 전자 모델들과 전기음성도의 개념으로 표현되는 산화수 모델은 그런 점에서 양립할 수 없다.

산염기의 개발 발달이 물질적 관점에서 과정적 관점으로 변화하였듯이, 산화환원 개념에서도 산화수 모델은 과정적 관점으로의 변화라고 할 수 있다. 그러나 여전히 물질적 관점이 남아 있어서 산화수를 계산할 때 물질 자체의 결합에 주목하는 특징이 있다. 즉, 산화환원 반응이 일어나기 전에 각 물질의 결합 상태를 보고 미리 개개의 원자에 산화수를 부여하는 것이다. 이러한 방법의 대표적인 사례가 폴링의 방법이다. 이 방법에 따르면 먼저 화합물의 루이스 구조를 그리고, 전자쌍을 부여한 후에, 산화수를 계산하는 과정을 거친다.

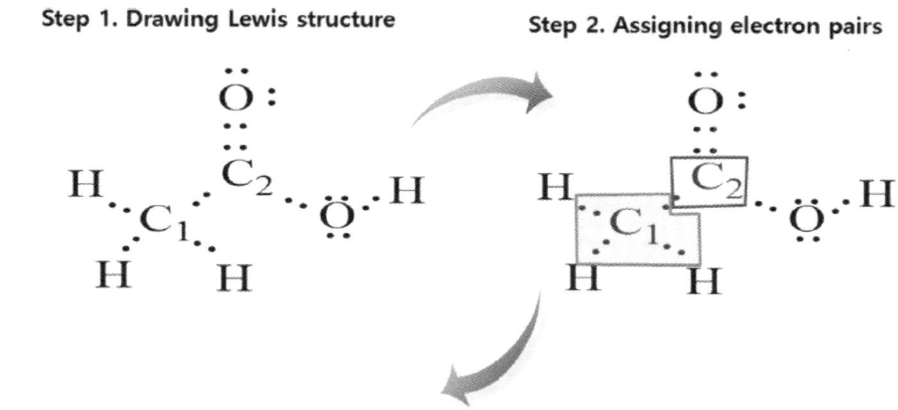

Step 3. Calculating oxidation number

Number of valence electrons (C_1) : 4	Number of valence electrons (C_2) : 4
-) Number of assigned electrons (C_1) : 7	-) Number of assigned electrons (C_2) : 1
Oxidation number of C_1 : -3	Oxidation number of C_2 : +3

IUPAC에서도 (1) 단원자 이온의 산화수는 이온의 전하와 같다. (2) 일반적으로 화합물에서 수소의 산화수는 +1 이다. 단 NaH와 같은 금속의 수소화합물은 -1이다. (3) 화합물에서 산소의 산화수는 -2이다, 단, 과산화물에서는 -1이고 플로린과 결합할 때는 +2 이다, (4) 홑원소 물질을 구성하는 원자의 산화수는 0이다 등등 긴 목록을 제시한다.

그러나 각 물질이 다른 물질과 만나 반응하는 경우의 수는 매우 다양할 수 있기 때문에 이러한 방식으로 산화수를 계산하려면, 미리 일어날 수 있는 가능한 모든 반응의 유형에 따른 산화수 계산방법이 계속(끊임없이, 지속적으로) 나열되게 되는 것이다. 이것이 산화수 모델이 일으키는 혼란의 원인이다.

산화수 모델을 완전하게 과정적 관점에서 해석한다면, 반응이 일어나기 전이 아니라 반응이 일어난 과정 자체에 초점을 맞추어야 한다. 물질이 아직 반응하기 전이라면, 어떤 반응을 할지 미리 예측하는 것(산화수를 미리 계산하는 것)은 무의미하다. 이는 마치 H_2O나 NH_3를 두고 이들이 산인지 염기인지 따지는 것과 같다. 브뢴스테드 로우리의 모델이나 루이스 모델에 따르면, 이 물질들은 다른 물질을 만나 반응하는 과정에서 산과 염기의 구분이 가능하다. 자신보다 더 강한 산을 만나면 염기로 작용하고, 자신보다 더 강한 염기를 만나면 산으로 작용한다는 과정적 관점으로 산과 염기를 이해할 때에야 비로소 어떤 물질을 두고 산인지 염기인지 미리 판단하기 위한 긴 목록은 제거될 수 있다.

이와 같이 산화환원반응을 판단하는 산화수의 개념은 온전히 과정적 관점에서 이해하는 것이 더 세련된 것이다. 반응 전에 분자의 결합 상태를 보고 산화수를 미리 결정하지 않고, 산화환원 반응 과정에서 이를 판단하는 방안을 굿스테인이 제안하였다. 그가 제안한 방법은 반응 전과 후에 해당되는 원자와 결합한 새로운 원자와의 전기음성도 순서가 바뀌는 경우에는 그 원자는 산화환원이 일어난 것으로 판단하고, 만약 반응 후에도 원자들 사이의 전기음성도 순서가 안 바뀌었다면 이는 산화환원 반응이 아닌 것으로 판단한다는 것이다.

원자들끼리 결합하는 방법은 다음의 세 가지가 있을 수 있다.

(1) 결합하는 원자가 더 전기음성도가 높을 때

(2) 결합하는 원자와 전기음성도가 같을 때

(3) 결합하는 원자가 전기 음성도가 더 낮거나 고립전자쌍을 가질 때

예를 들어 다음의 반응을 보자

$$NH_3 + BF_3 \rightarrow H_3N - BF_3$$

이 반응에서 질소는 붕소와 새로운 결합을 형성하는데, 암모니아에서 질소의 반응 전 상태는 (3)이고, 반응 후에도 (3)이므로 전기음성도 순서의 역전이 일어나지 않은 것으로 판단할 수 있다. 따라서 이 반응은 산화환원반응이 아니다. 사실 이 반응은 루이스의 산염기 반응에 속한다.

반응이 일어나기 전과 후에 원자의 입장에서 보았을 때의 변화는 (1) ⇄ (1), (1) ⇄ (2), (1) ⇄ (3), (2) ⇄ (2), (2) ⇄ (3), (3) ⇄ (3) 이렇게 6종류가 가능하다. 이 중에서 (1) ⇄ (1), (2) ⇄ (2), (3) ⇄ (3)의 반응은 전기음성도 순서의 역전이 일어나지 않았으므로 산화환원 반응이 아니고, 나머지 반응은 산화환원 반응으로 분류할 수 있다.

이렇게 산화환원 반응을 구분하기 위해 산화수를 계산하는 것이지, 산화수 계산이 반응을 이해하는 핵심이 될 수는 없다. 만약 IUPAC definition을 따른다면, 위와 유사한 다음의 반응에서도 수소의 잃고 얻음을 기준으로 이 반응을 산염기 반응으로 착각할 수 있다.

$$NH_3 + B(OH)_3 \rightarrow B{\equiv}N + 3H_2O$$

산화·환원 반응의 혼란을 방지하고 화학반응의 규칙성을 명확하게 이해하기 위해서는 산화수 변화 개념으로 산화·환원 반응을 정리하고 반응물과 생성물 자체의 산화수를 미리 계산하는 방식의 교육을 벗어나는 것이 필요하다.

13 전기화학

전해질 용액은 무슨 역할을 할까?

전기화학 관련 내용을 제대로 이해하기 위하여 가장 필요한 부분은 전해질 용액의 역할과 그 안에서 일어나는 미시적인 현상에 대한 이해이다. 전해질 용액 안에는 전하를 띤 입자들이 들어 있다. 그러나 그 입자들은 전자가 아니라 훨씬 더 덩치가 큰 양이온들과 음이온들이다. 소금과 같은 이온결합 물질을 녹여도 전해질 용액이 되고 산을 물에 넣어도 전해질 용액이 된다. 물에 들어가 이온으로 해리하기 때문이다.

학생들은 원자의 구조에 대하여 잘 이해하지 못하여 전자와 이온 사이의 관계를 제대로 이해하지 못하는 경향이 크다. 많은 학생들이 전해질 용액 안에서도 전자가 이동하여 전류가 흐른다고 생각하고, 이 때 전해질 용액의 음이온들은 전자를 날라 이동시켜 주는 역할을 하고, 양이온들은 아무 일도 안하고 그 자리에 그냥 가만히 있을 것 이라고 생각하는 것은 전해질 안의 상황을 금속 도체 안의 상황으로 재해석하기 때문이다.

화학전지에서 전류가 흐를 때 전해질 용액 안의 이온은 어떻게 이동하는가? 특히 다니엘 전지 안의 염다리 속에서 어떤 이온들이 움직이는가? 많은 사람들이 화학전지를 도선 속의 전자 이동에 대한 사고로 재해석하여 용액 안에서는 전자 대신, 전자가 더 많은 음이온만 이동한다고 생각하기도 한다. 아래 그림처럼 교과서에 제시한 내용을 보아도 꼭 필요한 이온들만(즉 산화나 환원이 일어나는 이온들) 이동하는 모습을 표현하고 있다.

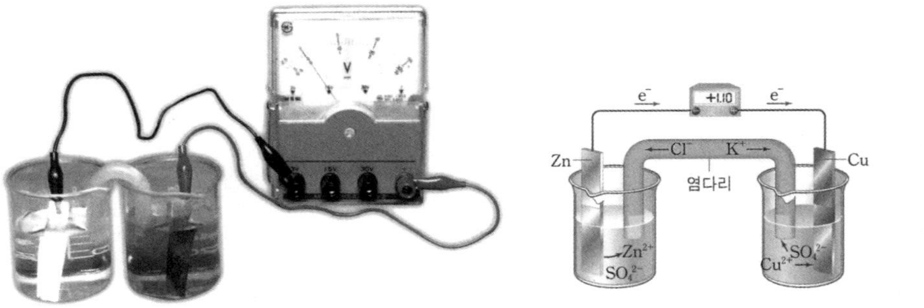

[그림] 교과서에 제시된 전지 다니엘 전지 (비상, 2009개정교육과정 화학II, 김희준 외)

그러나 전해질 용액 안의 전하를 띤 입자들은 모두 이동한다. 전기장이 형성되었기 때문에 도선 속에서는 자유 전자가, 그리고 용액 안에서 음이온은 전자와 같은 방향으로 이동하고, 양이온은 전자나 음이온과 반대방향으로 이동하는 것이다. 모든 이온들이 이동한다고 말하면 믿지 못하는 사람들도 있다. 금속 도선 안에서야 이온들이 자유롭게 이동 할 수 없으니까 자유로운 전자만 이동하지만 전해질 용액의 특성이 자유롭게 이동하는 양이온과 음이온의 존재이기 때문에, 이온들이 전기장 안에서 전위 차이에 따라 이동하는 것은 당연하다. 그런데 화학에서는 전기장의 개념을 강조하지 않으므로, 산화 환원 반응에 참여하는 이온들만 이동한다고 생각하는 경향이 크다.

(-)극에서 전위가 높기 때문에 전자를 방출하고 이 전자가 도선을 통해 전위가 낮은 (+)극으로 이동한다. 한편 양이온의 경우에는 전위의 개념이 반대로 이해되어야 하기 때문에 양이온은 (-)극에서 (+)극 방향으로 이동할 것이다. 양이온과 음이온은 서로 다른 방향으로 이동한다.

모든 이온들이 다 이동한다는 사실은 전기 이동을 통해서 확인할 수 있다. 흰 종이를 KCl 용액으로 적신 후에 각각 종이의 양 끝에 두 극을 대고 도선으로 연결하면 색이 있는 용액의 이온들이 이동하고, 이를 통해 이온의 이동을 확인해 볼 수 있다. KMnO4를 떨어뜨리면 (-)극으로 K^+이온이 이동하므로 무색, (+)극으로 $M_nO_4^-$이온이 이동하면서 보라색의 이동이 보인다. 이때 양이온과 음이온의 이동방향은 화학전지의 전해질에서와는 반대로 나타난다.

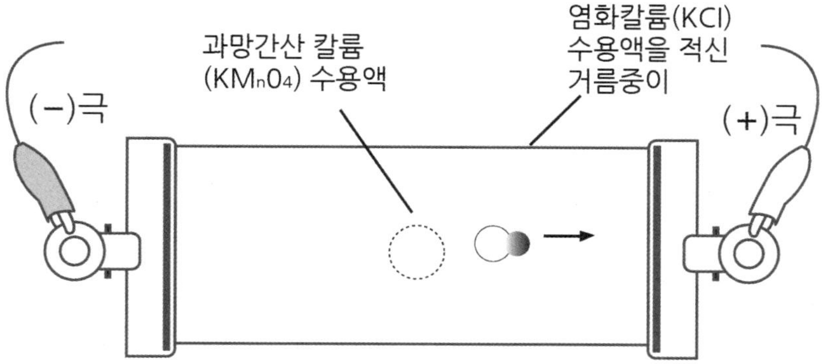

[그림] 이온의 이동(과망간산 칼륨(KM_nO_4)수용액)

이 상황에서 종이를 적신 KCl 용액이 전해질 용액에 해당한다. 그리고 염다리를 만들 때에도 우리가 한천에 KCl용액을 채우는 이유는 한천 안에 전해질 용액이 없으면 전하를 띤 입자들이 존재하지 않기 때문에, 회로에서 도선 금속 대신 고무를 연결한 것처럼 회로가 끊긴 현상이 되어 버리기 때문이다.

염다리의 역할을 설명하면서 흔히 우리는 소모성 모형으로 설명한다. 양쪽 극에서 산화와 환원 반응이 일어나면서 발생한 양이온들과 음이온들로 인해 생긴 전하의 불균형을 해소하기 위하여 염다리 안에 있던 K^+이온과 Cl^-이온이 이동한다는 것이다. 따라서 K^+이온과 Cl^-이온이 염다리 밖으로 다 빠져 나오면 새로 KCl용액을 채워 충전해야 한다고 생각한다. 그러나 전기가 흐르면, 다시 말해 전기장이 형성되면, 그 안에 존재하는 모든 이온들은 전위차에 따라서 움직인다. 어느 특정 이온만 이동하는 것이 아니다. 따라서 전기 화학의 경우에도 전기장과 전위차 개념을 이해하는 것이 매우 중요하다. 그리고 전기장은 회로가 연결되어야 비로소 형성된다. 금속 도선이 끊어지면 전류가 안 흐르므로 용액 안에 전하를 띤 입자가 꼭 특정한 음이온이나 전자일 필요는 없고 회로의 연결이 중요하다.

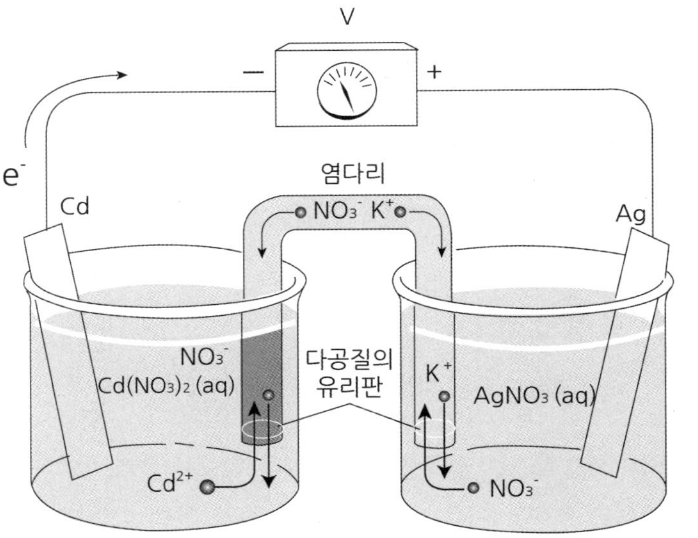

[그림] 염다리를 통해 연결된 회로

그런데 화학에서는 산화 환원반응을 너무 강조하다보니 금속과 반응하는 전해질로서 산의 역할을 강조하여, 산화가 일어나도록 하기 위해 반드시 전해질 용액으로 산을 넣어야 한다고 생각하기도 한다. 그래야 금속이 산과 반응하면서 산화 반응이 일어나고 이 반응으로 생성된 전자가 흘러야 전류가 흐르는 것이라고 생각하기 때문이다.

그러나 소금물에 다른 종류의 두 금속을 넣고 도선으로 연결해도 전기가 통한다. 실제 볼타는 이렇게 하여서 전지를 만들었다. 전기는 전하를 띤 입자들이 끊어지지 않고 서로 연결되어 있으며 자유롭게 이동할 수 있는 상황이면 흐른다. 그리고 용액 속에 전하를 띤 입자들이 서로 연결되어 있으면 전류가 흐르는 것이다. 물론 이때 전기장이 형성되어야 한다. 전기장 안에서 전하를 띤 입자들이 이동하기 때문이다.

우리가 산화 환원 반응을 고려하면서 K > Ca > Na > Mg > Al > Zn > Fe > Ni > Sn > Pb > (H) > Cu > Hg > Ag의 순서로 이온화 경향을 외우고 그 순서만을 생각한다면 소금물에 아연 막대를 넣었을 때 나트륨 이온과 아연의 이온화 경향만 보고 아연이 산화 될 수는 없다고 생각할 수 있다. 하지만 아연이 물의 자동이온화로 생성되는 수소이온 때문에 산화된다. 그렇다면 순수한 물에 아연을 담가도 아연이 물의 자동화에 의한 수소이온 때문에 전류가 통해야 한다는 말인데 우리는 보통 순수한 물에서는 전류가 안 흐르고 전해질 용액 안에서 전류가 흐른다는 사실을 알고 있다. Na^+와 Cl^-같은 전해질의 이온들이 이동하면서 회로를 만들어 전지를 완성해야만 전류가 통하는 것이다.

전류가 흐르려면 전기장이 형성되어야 한다. 전기장은 두 금속 전극의 전위 차이 때문에 유발된다. 우리가 흔히 (-)극과 (+)극으로 부르는 두 금속은 서로 다른 전위를 가진다. 여기서 전위란 전자의 위치에너지라는 의미로 해석될 수 있다. 이 두 금속을 그냥 서로 붙여서 연결한다고 전기가 발생하지는 않는다. 하지만, 이 두 금속을 전해질 용액 안에 담그면 전기가 발생한다. 왜 이런 일이 일어나는 것일까? 그것을 이해하려면 금속 전극과 용액 사이에서 일어나는 전위차를 이해해야만 한다.

금속을 이온이 녹아 있는 용액 속에 담그면 거시적 수준에서 눈에 보이지 않더라도 미시적 수준에서 전하(charge)의 분리가 일어난다. 이는 다니엘 전지의 경우처럼 금속을 같은 금속 용액 안에 넣는 경우에도 일어난다. 즉 아연을 황산아연 용액 안에 넣어도 금속 표면에서 아연이 아연 이온으로 산화되는 현상이 일어난다. 이 현상은 동적 평형의 개념으로 이해하는 것이 편하다. 모든 경우에 접촉면에서는 미세하지만 끊임없는 동적 평형이 일어나기 때문이다.

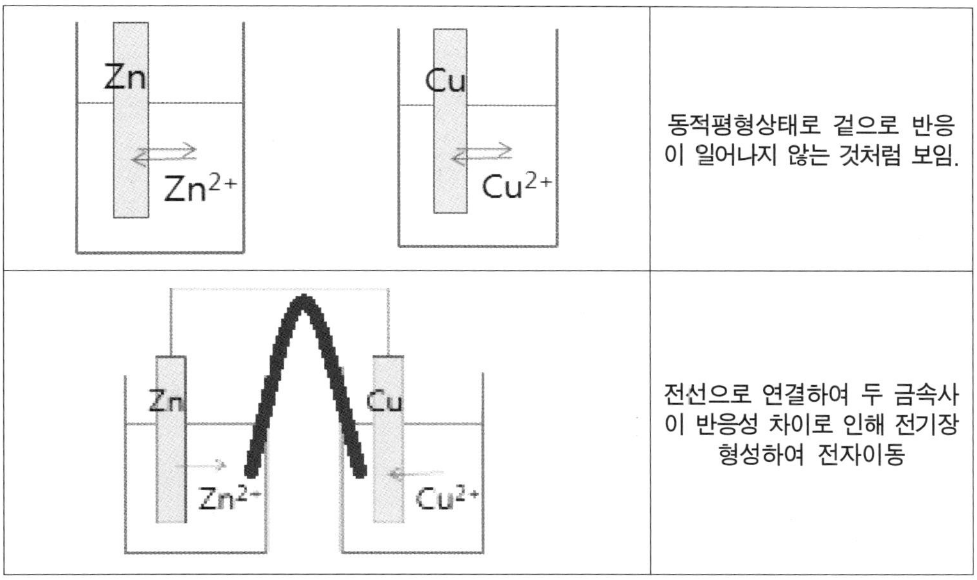

[그림] 금속표면에서의 동적평형

보통 우리는 금속과 산의 반응처럼 거시적으로도 확인이 될 만큼 눈에 뜨이는 반응만 생각하기 때문에 이온화 경향의 차이가 존재하는 경우만 고려하지만, 그렇다면 다니엘 전지에서 아연판이 황산 아연 용액에 녹아드는 현상을 설명하기는 어려울 것이다. 소금물에서 아연이 산화되는 것을 설명하지 못하는 것처럼 말이다.

용액에 닿은 금속 표면에서 미시적으로 이온의 분리가 일어남으로써 금속과 용액 사이에 전위차(potential difference)가 형성된다. 금속원자의 일부는 (용액이 어떤 것이든 상관없이) 전자를 잃고 다음과 같이 이온화 되어 용액 속에 녹아 들어간다.

$$M \rightarrow M^{+} + e^{-}$$

이 과정에서 방출된 전자들은 금속에 축적되어 금속을 약간 음(negative)으로 하전 되게 한다. 혹은 동적 평형 도달하기 전에 전해질 용액 속에 존재하는 금속 이온 중의 일부가 금속으로부터 전자를 얻어 원자로 되돌아가기도 한다.

$$M^{+} + e^{-} \rightarrow M$$

이 과정에서 금속은 전자가 부족하게 되므로 용액에 비해 상대적으로 양으로 하전된다. 만일 위의 첫째 반응이 둘째 반응에 비해 더 빨리 진행될 경우에는 금속은 음전하를 띠게 되므로 금속에서 양이온이 생성되는 것이 어려워지기 때문에 첫째 반응의 속도가 지연된다. 또한 금속의 음전하가 용액 속에 양이온을 끌어당김으로써 둘째 반응을 가속시키게 되어, 결국 두 반응의 속도가 같아지는 동적 평형에 도달하게 된다. 만일 초기에 둘째 반응이 더 빨리 일어난다면 금속은 양 전하를 띠게 되므로 첫째 반응을 가속시킴과 동시에 둘째 반응을 지연시켜서 결국 새로운 동적 평형을 이룬다. 이러한 두 과정에서의 평형은 다음과 같이 표시 할 수 있다.

$$M \rightleftharpoons M^{+} + e^{-}$$

이때 금속이 나타내는 최종 전위는 평형의 위치에 따라 결정되고 이 평형은 반응에 관여하는 화학종들의 활동도에 따라 결정된다. 한 금속 고체상과 용액의 액체 상 사이를 반쪽전지(half cell)라 하고 이들 사이에 형성된 전위차를 그 금속의 전극 전위(electrode potential)라 부른다.

금속을 용액 속에 넣으면 금속과 용액이 접촉하는 경계면에서 금속 표면과 용액의 전위 차이로 인해 전기장을 형성한다. 용액은 수많은 용매 분자와 그 속에 분산되어 있는 양이온과 음이온으로 구성되어 있어서 전체적으로는 전기적 중성을 유지한다. 그러나 금속의 표면에 (+)또는 (-)전하가 모이고 이에 따라 용액 쪽에서도 금속에 닿은 부분은 반대 부호의 전하를 띤 입자들이 모인다. 따라서 전극과 전해질 용액에 의해 전하 층이 형성된다. 이것을 전기 이중층(electrical double layer)이라 한다.

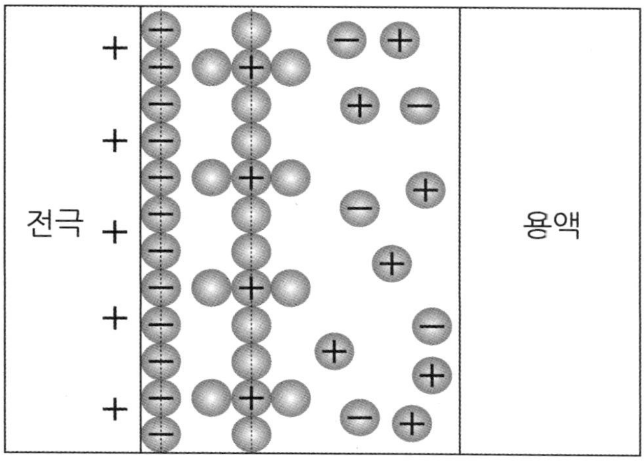

[그림] 전기 이중층

전류가 흐르려면 전극과 용액이 만나는 계면에서 어떤 반응이 가장 에너지가 적게 드는가의 문제를 고려해야 한다. 용액에 담겨있는 두 금속의 경우 계면이 2개 존재하므로, 한쪽 계면에서 에너지가 비록 높더라도 다른 계면에서 에너지가 상대적으로 매우 작으면 그 방향으로 반응이 자발적으로 발생할 수 있게 된다. 이에 따라 두 극 사이에도 전위 차이가 형성되며, 따라서 전지가 형성되는 것이다.

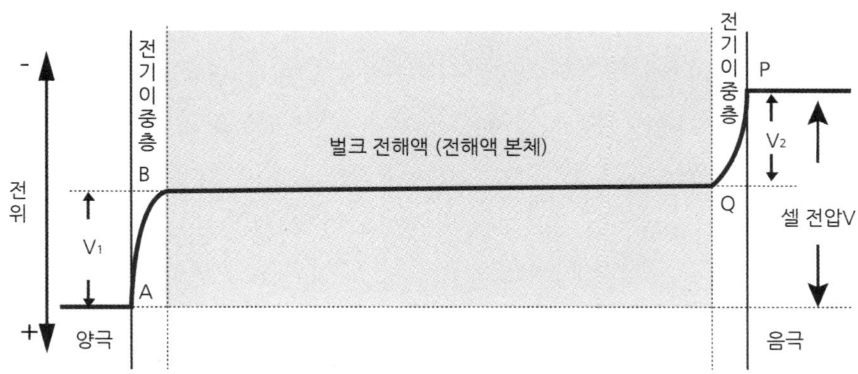

[그림] 전기 화학 셀 내에서 형성된 전위profile

이 때문에 용액과 동적 평형 상태에서 에너지 차이가 없는 같은 종류의 두 금속을 연결하면 전지가 형성 되지 않고 이온화 경향이 다른 두 금속을 연결해야 전지가 형성되는 것이다.

우리는 전지를 효율적으로 만들기 위해 이온화 경향의 차이가 큰 두 금속을 연결하는 것이 좋다는 것을 알고 있다. 뿐만 아니라 우리는 산성 용액을 전해질 용액으로 고려하기 때문에 수소를 중심으로 한 금속은 이온화 경향이 크고 다른 금속은 이온화 경향이 더 작아야 한다고 생각하기도 한다. 그러나 반드시 수소를 기준으로 두 금속의 이온화 경향이 달라야 하는 것은 아니다. 소금물에서도 아연과 구리로 전지를 만들 수 있듯이 산성용액이나 소금용액에서 구리와 은 막대를 이용하여 화학전지를 형성할 수도 있다. 이렇게 사고하는데 가장 큰 걸림돌은 이온화 경향에 따른 산화 환원반응에 대한 고정 관념이다.

예를 들어 구리와 은 전극을 황산용액에 담그고 도선으로 연결하면, 비록 이온화 경향의 차이만 보았을 때에는 구리가 산 용액에서 산화될 수 없으므로 전지가 형성 될 수 없다고 생각할 수 있으나 사실은 전지가 형성되고 전류가 흐를 수 있다. 그 이유는 (-) $Cu(s)|H_2SO_4(aq)|Ag(s)$ (+) 전지에서 구리 (-)전극에서 산화반응이 일어나고 ($Cu(s) \rightarrow Cu^{2+}(aq) + 2e^-$), 은 (+)전극에서 수소가 환원되는 반응($2H^+(aq) + 2e^- \rightarrow H_2(g)$)이 일어날 수 있기 때문이다.

전압의 개념도 혼란스럽기는 마찬가지이다. 오랫동안 아연극과 구리 극을 연결하고 전해질 용액으로 산을 사용한 볼타전지의 전압이 1.1V인지 0.76V인지에 대한 논란이 계속되어 왔다. 한 논문에서는 산화, 환원 반응을 고려할 때 아연 극에서 산화가 일어나고, 전해질 용액의 산이 환원되는 것이므로 표준 상태의 기전력 값은 0.76V가 맞다고 주장하였다. 또한 대부분의 교과서에서는 이를 1.1V로 표현하고 있다고 하면서 이는 다니엘전지와 혼동하는 것이라고 설명하였다. 이 논문에서는 그냥 볼타전지의 전위를 측정하면 0.90~0.97V 정도가 측정되지만, 표준 전위 값을 측정할 때처럼 구리 전극에 수소 기체 1기압을 유지하면서 불어 넣으면 0.76V가 나온다고 설명하였다. 그러나 이 실험 장치는 구리 전극 표면에 수소 분극 현상을 극대화함으로서 전압을 원하는 수준(0.76V)까지 떨어뜨리는 효과를 나타낸 것이라고 생각한다.

만약 (+)전극의 이온화 경향이 전해질의 양이온보다 작을 경우, 앞에 제시한 논문에서 주장한 논지가 맞는다면 우리는 (-)전극과 전해질만 고려하면 되지 (+)전극으로 어떤 금속을 사용하는가는 생각할 필요가 없다. 하지만 (+)극으로 구리를 연결할 때와 백금을 연결할 때 전압은 달라진다. 우리가 너무 산화 환원 반응에만 초점을 두어 화학전지를 이해하기 때문에 이러한 사고의 문제가 발생한 것이라고 생각한다.

14 용해현상에 대한 이해

엔탈피 VS 엔트로피

용해는 초등학교부터 고등학교까지 과학과목에서 계속적으로 다루는 내용이다. 초·중학교 때는 실생활의 예를 이용하여 용해를 '콩과 같이 큰 물질들 사이에 조와 같이 작은 물질들이 들어가는' 구멍모형으로 학습하고 용해도가 물질의 고유한 성질이라는 것을 이용하여 혼합물을 분류한다. 그리고 고등학교 때는 용해의 원인을 에너지 관점에서 배운다. 그러나 용해를 분자간 힘에 의한 요인으로만 설명을 하면 용해 현상을 충분히 설명하는데 한계가 있다. 자유에너지의 변화로 용해를 설명할 것이 필요하다. 하지만 교과서에서는 아직도 '끼리끼리 녹는다' 는 설명을 도입하여 유성잉크는 유성 용매에, 수성잉크는 수성 용매에 녹는다는 방식으로 친화력의 개념을 도입하여 용해를 설명한다.

중학교에서는 좁쌀과 콩섞기 모형, 지하철 자리 앉기 모형 등 용질이 용매 분자 사이에 끼어드는 모형으로 표현된 교과서가 많다. 용해 현상을 입자사이의 구멍에 끼워 들어가는 소위 '구멍 모형'으로 설명한다.

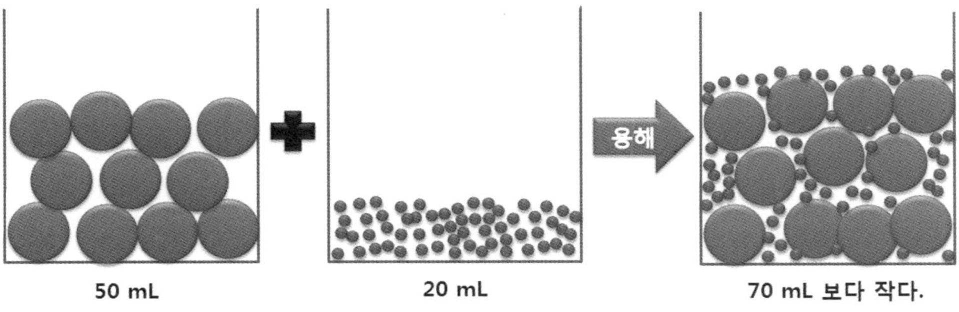

콩과 좁쌀로 비유한 구멍 모형

큰 입자 사이에 작은 입자가 끼워지기 때문에 항상 전체 부피는 콩 부피와 조 부피를 합한 부피보다 감소한다. 일상에서 자주 보는 현상으로 물에 설탕과 소금이 녹을 때 등이 이에 해당한다. 이러한 설명에 따르면 구멍이 가득 차게 되면 더 이상 녹지 않는다는 생각을 하게 되어서 자연스럽게 일정량의 용질이 용매에 녹으면 더 이상 녹지 않는 현상도 잘 설명하는 것 같다.

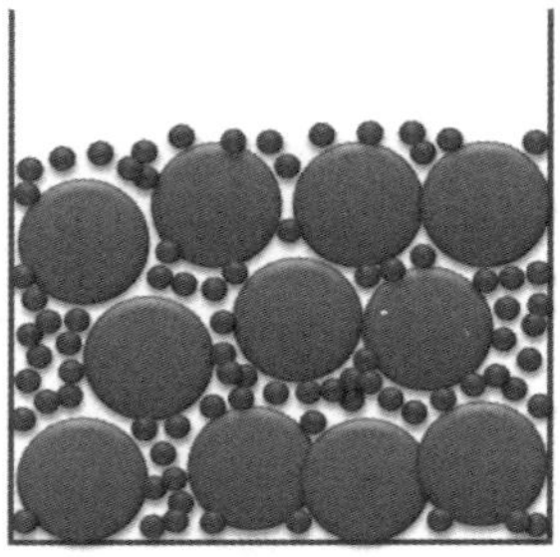

포화상태
=들어갈 구멍이 없다.

그러나 이 모형은 한계가 있다. 우선 물과 아세트산을 섞을 때는 섞기 전 두 용액의 부피 합보다 섞은 후 부피가 오히려 더 커진다. 따라서 항상 두 물질을 섞을 때 합한 물질의 부피가 더 작아지는 것은 아니다.

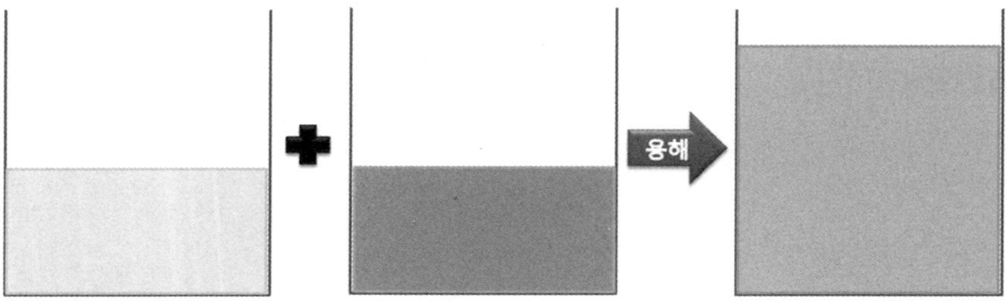

두 번째 문제는 포화 용액에 용질을 더 넣은 과포화 용액이 존재한다는 것이다. 구멍 모형에 의하면 포화 상태란 자리가 꽉 차서 더 이상 들어갈 구멍이 없기 때문에 용질이 녹을 수 없다.

세 번째 문제는 소금물 포화 용액에 설탕을 녹이면 설탕이 녹아 들어간다는 것이다. 포화 용액에 다른 종류의 용질이 더 녹는 경우 역시, 자리가 꽉 차서 더 이상 들어갈 구멍이 없는 포화 상태에 대한 구멍모형이 맞지 않는다.

또한 구멍 모형은 구멍의 크기가 입자의 모양에 따라 이미 결정되어 있기 때문에 왜 온도가 올라가거나 내려가면 용질이 용해되는 정도가 달리지는 지에 대해 설명하지 못한다.

주어진 온도 압력 조건에서 용해되는 용질의 양에는 한계가 있다. 일정한 온도에서 용매 100g에 녹을 수 있는 용질의 최대량을 용질의 그램 수(g)로 나타낸 것을 용해도라고 한다. 따라서 용해도는 물질의 고유한 특성이라고 말한다. 그렇다면 용해는 물질의 어떤 요인에 의해 결정되는 것일까?

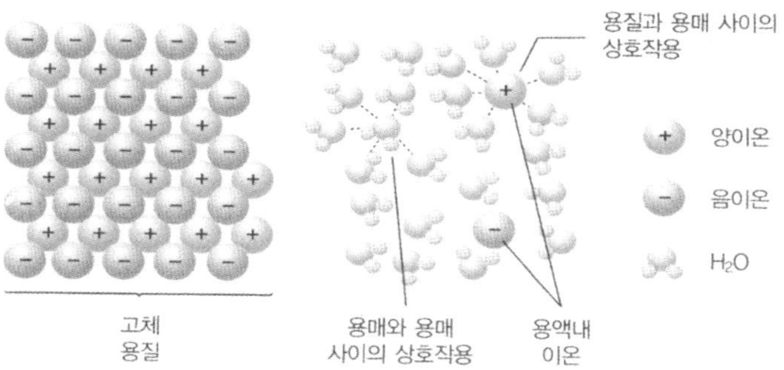

용해 시 발생하는 상호 작용 : 용매-용질 사이의 상호 작용
용매-용매 사이의 상호 작용과 용질-용질 사이의 상호 작용

용질이 용매에 녹아 용액이 되면서 용매-용질 사이의 상호 작용이 새롭게 형성되고, 용매-용매, 용질-용질 사이의 상호 작용이 줄어들게 된다. 에너지 측면에서 볼 때 이러한 변화가 더 안정하거나, 무질서도의 증가가 일어난다면 용해 현상은 자발적으로 일어나게 된다. 즉, 용해의 자발성은 에너지의 변화와 무질서도에 영향을 받게 되는데 이를 통합한 자발성의 정도는 깁스자유에너지 변화 ΔG를 통해 알 수 있다. $\Delta G < 0$일 때, 그 변화는 자발적으로 진행된다. 깁스자유에너지는 엔탈피(H)와 엔트로피 항(S)으로 이루어져 있다.

$$\Delta G = \Delta H - T\Delta S - S\Delta T$$

엔탈피는 에너지에 압력과 부피를 곱한 항을 더한 값으로 표현된다.(H = E + PV) 따라서 압력과 부피의 변화가 거의 없는 용해 현상과 같은 경우에는 에너지를 엔탈피로 표현할 수 있다.

용액에서 열에너지 변화에 해당하는 것을 엔탈피, 무질서도의 변화를 엔트로피라고 부른다. 이 두 요소에 의해 용해할 때 깁스자유에너지가 감소($\Delta G<0$)하면 용해가 진행되고 깁스자유에너지의 변화가 없다면($\Delta G=0$) 평형을 이루게 되어 더 이상 용해가 되지 않는 것이다.

용액을 만들면 감소한 용질-용질, 용매-용매 상호 작용은 계의 에너지를 높이고, 생겨난 용매-용질 상호 작용은 계의 에너지를 낮춘다. 즉, 용질-용질, 용매-용매 상호 작용 에너지만큼 엔탈피가 증가하고 용매-용질 상호 작용 에너지만큼 엔탈피가 감소한다. 이 과정이 발열 과정이면, 새롭게 만들어진 용매-용질 상호작용이 사라진 용질-용질, 용매-용매 상호 작용보다 더 안정한 상호 작용을 한다($\Delta H<0$). 반대로 흡열 과정이면 그 반대이다($\Delta H>0$).

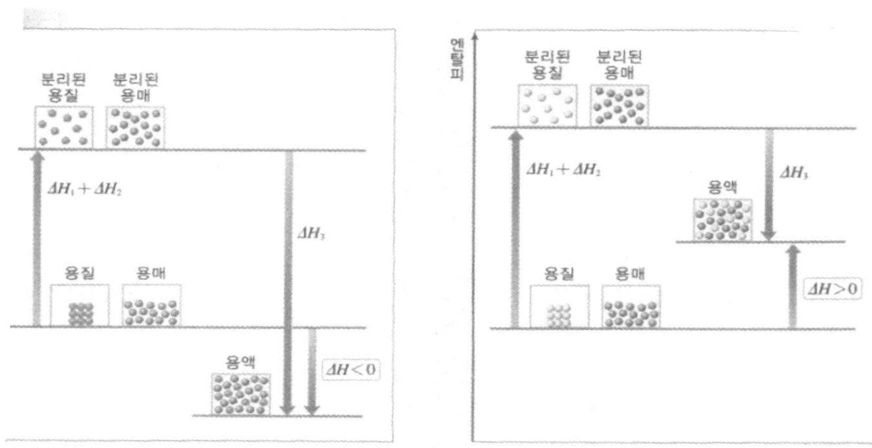

(가) 용해 과정이 발열 반응인 경우 (나) 용해 과정이 흡열 반응인 경우

용해 과정에서 엔탈피의 변화

온도를 높인다고 해서 용질과 용매 사이의 인력으로 나타나는 엔탈피 항에 변화가 생기지는 않는다. 하지만 깁스자유에너지의 다른 항인 $-T\Delta S$는 변화하게 된다.

$$\Delta G=\Delta H-T\Delta S-S\Delta T$$

위의 식에서 $\Delta H-T\Delta S$항이 변하지 않아도 온도가 올라가면 $-S\Delta T$이 음수가 되므로 $\Delta G<0$값이 커지게 되므로 자발적인 용해가 더 잘 일어난다. 이 현상은 ΔH항에 관련된 발열반응이나 흡열반응과 관련이 없으므로, 용질이 용매에 녹을 때 발열반응과 흡열반응에 상관없

이 모든 용질은 용매에 더 잘 녹는 현상을 관찰할 수 있다.

온도에 따른 용해도의 정도를 엔탈피의 변화로 설명해 보자. 화학적 작용은 평형 상태에 도달하려 한다. 용해 역시 평형을 위한 입자들의 행동이다. 평형에 미치는 온도의 효과는 다음의 'Le Chatelier의 원리'를 적용하면 쉽게 이해할 수 있다.

'평형에 있는 계가 교란을 받게 되면 계는 그 교란 효과를 극소화시키려는 반응을 일으킨다'

Le Chatelier의 원리에 의하면 발열 반응일 경우 용액이 형성되는 과정에서 열을 방출하므로 용해도의 증가를 위해서는 온도를 낮추어야 발열 반응에 의한 온도의 증가를 극소화 시킬 수 있을 것이다. 그리고 흡열 반응일 경우에는 용해 과정에서 열을 흡수하므로 용해도의 증가를 위해서 온도를 상승시켜 정반응을 위한 열을 공급시켜줘야 할 것이다.

흡열 반응($\Delta H>0$): 온도 상승 시 용해도 증가
발열 반응($\Delta H<0$): 온도 상승 시 용해도 감소

교과서에서 온도에 따른 용해도 실험의 대부분은 온도 상승 시 용해도가 높은 예 즉, 흡열 반응의 예를 이용하기 때문에 '온도가 높으면 무조건 용해도가 높아진다' 라는 오개념이 형성될 수 있다. 그러므로 온도가 높아질 때 용해도가 낮아지는 황산 세륨과 같은 경우에 대한 실험도 다루어야 온도에 따른 용해도의 증감을 제대로 이해할 수 있을 것이다.

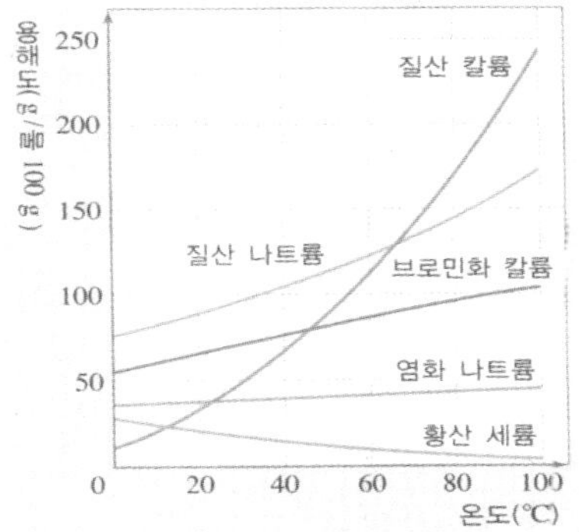

물에 대한 고체의 용해도 곡선

용해 현상의 자발성은 엔탈피 변화와 무질서도, 즉 엔트로피 변화에 따라 깁스자유에너지 변화 ($\Delta G = \Delta H - T\Delta S - S\Delta T$) 를 이용하여 판단할 수 있다. 최종적인 자유 에너지의 변화는 엔트로피의 변화도 고려되어야 한다. 일반적으로 용해현상이 일어나면 아래 그림과 같이 용질과 용매가 섞여 엔트로피가 증가($\Delta S>0$)한다.

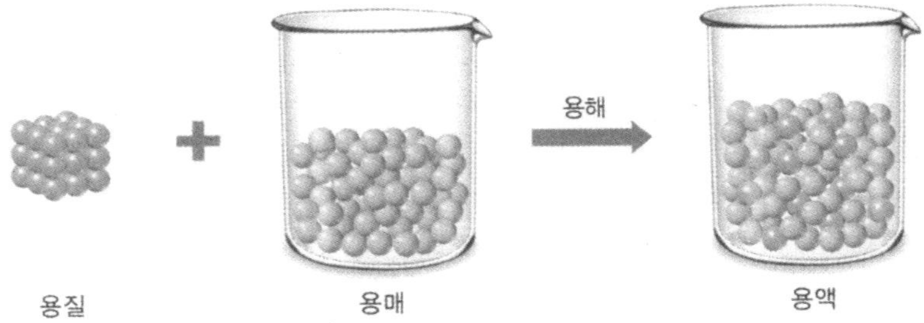

용해 현상으로 인한 엔트로피의 증가

구 분	엔탈피		
	발열 반응 ($\Delta H<0$)	흡열 반응 ($\Delta H>0$)	
엔트로피: 일반적인 혼합에 의한 무질서도 증가 ($\Delta S>0$)	$\Delta G = \Delta H - T\Delta S<0$ 자발적 용해	$\Delta H < T\Delta S$이면, $\Delta G = \Delta H - T\Delta S<0$ 자발적 용해	$\Delta H > T\Delta S$이면, $\Delta G = \Delta H - T\Delta S>0$ 비자발적 용해

용해 과정이 발열 반응인 경우에는 계의 엔탈피는 감소($\Delta H<0$)하고, 용매와 용질의 섞임 현상에 의한 무질서도의 증가로 인해 엔트로피는 증가($\Delta S>0$) 하므로 일정한 온도 T에서 깁스자유에너지의 변화량은 감소($\Delta G = \Delta H - T\Delta S$, $\Delta G<0$) 하게 된다. 따라서 자발적으로 용해 현상이 나타난다.

그러나 용해 과정이 흡열 반응인 경우에는 계의 엔탈피는 증가($\Delta H>0$)하고, 용매와 용질의 섞임 현상에 의한 무질서도 증가($\Delta S>0$)가 일어나하므로, 깁스자유에너지의 변화 값 ΔG는 감소할 수도 있고 증가할 수도 있다. 즉 엔탈피 항이 엔트로피의 항보다 작은 값을 가진다면 $\Delta H < T\Delta S$ 이므로 $\Delta G<0$이고 용해는 자발적으로 일어나지만, 엔탈피 항이 엔트로피의 항보다 큰 값을 가진다면 $\Delta H>T\Delta S$ 으로 $\Delta G>0$ 이 되고 용해는 비자발적이다. 따라서 용해는 일어날 수도 있고 일어나지 않을 수도 있다.

흡열 반응에서 엔트로피의 효과에 의해 용해가 자발적으로 일어나는 예가 염화나트륨(NaCl)의 용해 과정이다. 염화나트륨의 용해는 다음 세 가지 요소의 합이 전체 엔탈피 변화 값이다.

$NaCl(s) \rightarrow Na^+(g) + Cl^-(g)$　　ΔH_1=(염화나트륨의 이온결합 에너지)>0

$Na^+(g) \rightarrow Na^+(aq)$　　ΔH_2=(Na^+의 수화 에너지)<0

$Cl^-(g) \rightarrow Cl^-(aq)$　　ΔH_3=(Cl^-의 수화 에너지)

$NaCl(s) \rightarrow Na^+(aq) + Cl^-(aq)$　　$\Delta H = \Delta H_1 + \Delta H_2 + \Delta H_3$ = +3.9kJ/mol

이 식에서는 염화나트륨의 이온 결합에너지 뿐만 아니라 나트륨 이온(Na+)과 염화 이온(Cl-)의 수화 에너지를 포함하고 있다. 이온 결합 에너지는 염화나트륨이 고체로 이온 결합 화합물을 이루고 있을 때, 양이온과 음이온들 사이의 안정화 에너지이다. 용해가 되려면 이 에너지만큼 에너지가 필요하다. 따라서 ΔH는 양의 값을 가진다. 이 값은 용해가 될 때 극복되어야 하는 에너지이므로 양의 값을 가지므로 ΔH_1=(염화나트륨의 이온 결합 에너지)>0이다.

용질이 용해되어 수용액에 녹을 때, 물 분자들에 둘러싸여 안정화되는 정도를 수화 에너지라고 부르며 ΔH는 음의 값을 가진다. 이 값은 용해가 될 때 용액을 안정화시키는 요소이므로 수화 에너지의 값은 음의 값을 가진다. 상호 작용하는 물 분자의 개수가 많으면 수화로 인한 안정도가 커질 수 있다. 물 분자는 크기가 작아서 이온 주변에 존재 개수가 많은데다 전기적인 힘은 바로 옆에 있는 이온과의 상호 작용 이외에도 멀리 떨어져 있는 이온에까지 작은 힘으로나마 작용해서 이온을 안정시켜 줄 수 있다. 즉 이온 주변에 층을 이뤄서 많은 물 분자가 이온과 상호 작용을 하고 안정화시키는 것이다. 하지만 수화에 의한 안정성만으로 소금의 이온 결합 에너지보다 큰 힘을 제공하지 못한다. 따라서 염화나트륨이 용해되는 과정에서 전체 ΔH의 값은 대략 +3.9kJ/mol(표준 상태, 25℃ 1bar)로 흡열 과정이다.

그럼에도 불구하고 물에 염화나트륨이 자발적으로 녹는 이유는 염화나트륨이 이온 격자로 존재할 때 보다 용액에 녹을 때 무질서도의 증가로 인한 엔트로피 변화 항이 흡열인 엔탈피의 변화량에 비해 충분히 크기 때문($\Delta H < T\Delta S$)이다. 따라서 깁스자유에너지를 보면 ΔH의 양의 값보다 ΔS로 인해 발생하는 음의 값이 더 크다. 따라서 ΔG는 음의 값을 가지게 되어 자발적으로 반응이 진행되는 것을 설명할 수 있다.

자연은 불규칙하고 균일하게 마구마구 섞여 있는 것을 선호한다. 소금 결정이 물속으로 골고루 녹아 들어가면 무질서도가 상승하여 자연이 선호하는 방향이 된다. 따라서 이 엔트로피의 증가분이 에너지 측면에서의 부족분을 상쇄해 주고, 결국 소금이 녹는 것이 더 안정하게 되는 것이다. 수화되는 과정에서 이온 주위에는 이온의 전하를 안정하게 하는 방향으로 물 입자들이 배열하게 되고 물 자체의 엔트로피는 감소한다. 그러나 고체 결정의 규칙적인 배열에서 벗어난 용질 이온들은 용액 속에서 자유롭게 이동하면서 엔트로피가 훨씬 더 크게 증가하기 때문에, 전체적으로 염화나트륨 용액의 엔트로피는 증가한다. 물에 대한 염화나트륨 용액의 엔트로피 변화 값은 $+43J/K/mol$(표준상태) 이다. 따라서 표준 온도 298K에서 자유 에너지 변화가 음의 값($\Delta G<0$)이 된다. 따라서 흡열 과정($\Delta H>0$) 일지라고 ΔH가 너무 크지만 않다면 엔트로피 증가에 의해 두 물질이 혼합되는 현상은 자발적으로 일어나는 것이다.

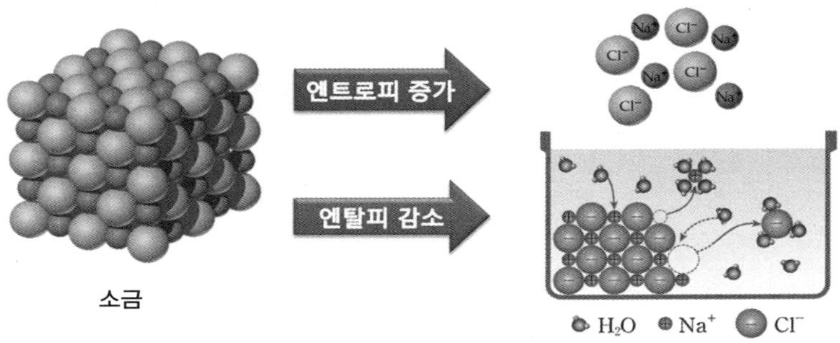

한편, 탄산칼슘($CaCO_3$)은 발열 반응이다. 이는 +2가 이온들이 결합되어 있는 탄산칼슘의 이온 결합 에너지도 크지만, 이들의 수화 에너지도 크기 때문에 두 물질이 혼합될 때 열에너지가 더욱 안정화되기 때문이다. 발열 반응($\Delta H<0$)의 경우에는, 보편적으로 두 물질이 섞일 때 엔트로피 변화 항이 양의 값을 가지므로 자발적인 혼합 현상이 관찰되어야 한다.

하지만 탄산칼슘은 물에 자발적으로 용해되지 않는데, 그 이유는 바로 엔트로피 변화가 음이기 때문이다. 용질인 탄산칼슘이 용매인 물에 녹아 섞임 현상에 의한 엔트로피는 증가하지만, 탄산칼슘을 구성하는 탄산 음이온이나 칼슘 양이온들의 큰 전하로 인해 물에 수화될 때 물 입자가 강하게 탄산 음이온(CO_3^{2-})이나 칼슘 양이온(Ca^{2+})에 끌려 자유롭게 이동하지 못하게 되고 그래서 물의 엔트로피는 크게 감소된다. 따라서 용액이 된 후 전체적인 엔트로피는 감소($\Delta S<0$)하게 된다. 비록 탄산칼슘의 용해 과정에서 엔탈피는 감소($\Delta H<0$)하지만, 엔트로피가 더 큰 값으로 감소하기 때문에 자유 에너지가 양의 값($\Delta G=\Delta H-T\Delta S$, $\Delta G>0$)을 가지게 되어 용해는 자발적으로 일어나지 않는 것이다. 전하량이 큰 이온결합물질은 대부분 발열반응이지만, 난용성염이 많다.

물과 기름, 극성과 비극성의 용해가 불가능한 이유를 '끼리끼리 녹는다' 라는 개념으로 제시하면 학생들은 극성-무극성 사이에는 전혀 힘이 작용하지 않는다고 오개념을 가질 수 있다. 그리고 분자 사이의 인력은 극성-극성 > 극성-무극성 > 무극성-무극성 순이므로 무극성-무극성의 인력이 극성-무극성의 인력보다 더 작은데 무극성-무극성은 용해가 일어나고 극성-무극성사이에는 용해가 일어나지 않아 그 크기의 비교에서 혼란을 불러올 수 있다.

무극성-무극성의 용해에 작용하는 인력은 반데르발스 힘이다. 질량이 비슷한 경우, 반데르발스 힘은 다른 형태의 분자 간 인력 중에 가장 약한 힘이다. 즉, 무극성물질의 덩어리는 서로 붙어있고자 하는 힘이 약하고 이것은 분자간의 결합 에너지가 작다는 것을 의미한다. 따라서 용해할때 엔탈피의 변화량이 매우 작아 상대적으로 변화에 주요한 요인은 엔트로피 변화이다. 즉 엔트로피가 증가하기 때문에 무극성-무극성끼리의 용해에서 인력의 변화는 작지만 서로 섞이는 것이다.

극성-극성 사이에 작용하는 용해현상은 앞의 논의 점에서 살펴 본 바와 같이 염화나트륨과 탄산칼슘을 물에 용해시키는 경우이다. 이 경우에는 엔트로피와 엔탈피 두 변화량를 모두 고려하여 자유에너지의 변화가 음이여야 자발적인 용해가 일어난다. 염화나트륨과 탄산칼슘은 극성이고 극성인 물에 녹는 것은 '끼리끼리 녹는다'라는 의미에서 두 물질 모두 물에 용해되어야 한다. 그러나 염화나트륨은 물에 녹지만 탄산칼슘은 물에 녹지 않는다. 여기에서 우리가 흔히 표현하는 '끼리끼리 녹는다(like dissolve like)'는 표현이 정확하지 않다는 것을 알 수 있다.

그리고 염화나트륨과 물의 용해에 '끼리끼리 녹는다'라는 표현을 쓰는 것도 모순이다. 교과서에서는 염화나트륨이 물에 녹는 현상을 극성용질이 극성용매에 녹는 예로 설명을 하고 있다. 위의 논의 점에서 살펴 본 바와 같이 염화나트륨의 용해는 수화에 대한 안정성, 엔탈피의 영향보다는 무질서도의 증가에 의한 영향이 더 크다라는 것을 알고 있다. 따라서 온도에 따라 용해도의 변화가 미미한 것이다.

물과 기름이 섞이지 않는 이유는 무엇일까. 극성인 물은 수소 결합을 하고 있고, 무극성인 기름은 반데르발스 상호작용을 하고 있다. 극성물질인 물과 물분자사이의 전기적 상호작용인 수소결합과 무극성물질인 기름분자사이 반데르발스 상호작용의 합은 극성인 물과 무극성인 기름사이의 상호작용보다 강하다. 물과 기름이 섞이기 위해서는 각각의 상호작용 에너지의 합보다 물과 기름이 결합할 때의 에너지가 더 안정해야 한다. 그러나 극성-무극성의 결합 에너지는 극성끼리 무극성끼리의 결합에너지의 합보다 작기 때문에 굳이 섞이는 반응이 일어나지 않는 것이다. 물은 물끼리, 기름은 기름끼리 있을 때가 에너지 관점에서 볼 때 더 안정한 것이다. 그리고 이 안정화 정도는 두 물질이 섞였을 때 증가하는 엔트로피의 변화로 극복되기 어려우므로 자발적인 반응은 관찰되지 않는다.

용액은 물질의 상태에 관련 없이 균일 혼합물을 뜻한다. 그래서 용해현상에 의한 소금물뿐만 아니라 합금과 공기 역시 용액이다. 용액은 용해와 확산에 의한 혼합 모두를 포함하는 균일혼합물인 것이다. 그러면 혼합현상으로써 용해와 확산은 어떤 기준으로 구분할 수 있을까?

확산은 분자의 무작위운동에 의해 고농도에서 저농도로 물질의 흐름이 일어나는 과정을 말한다. 확산에 의한 혼합은 양에 관계없이, 균일해 지는 방향으로 계속해서 일어난다. 확산은 흔히 기체에 한정하여 사례를 제시하는 경향이 있다. 방향제의 향기가 온 방으로 퍼지는 현상, 굴뚝에서 나온 연기가 사방으로 퍼져 나가는 현상, 그리고 중학교의 분자 운동 단원에서 암모니아수와 염산의 확산을 통한 염화암모늄의 생성 확인 실험과 같은 경우이다. 일반적으로 기체끼리의 혼합은 섞이는 두 물질의 입자사이에 큰 거리 차에 의해 인력이 거의 무시되므로, 혼합현상은 농도 차에 의한 무질서도의 증가만으로 설명이 가능하다.

그러나 확산은 기체 뿐만 아니라 액체에서도 일어난다. 액체에서 일어나는 일반적인 확산의 예를 생각해 보자. 물에 떨어뜨린 잉크가 저어주지 않아도 물 전체로 퍼지는 현상이 있다. 그러나 서로 다른 액체와 액체간의 혼합의 경우에 물과 기름과 같이, 분자 간 인력의 차이가 크면 농도 차이가 생겨도 저절로 섞이지 않는다. 그런데 왜 우리는 잉크가 물에 퍼지는 현상을 농도 차에 따라 무질서도의 증가에 의한 확산이라 단정 짓는 것일까?

액체 형태의 잉크에 대해 생각해 보자. 잉크방울은 색을 띠는 잉크분자가 물에 수화되어 있는 상태로 존재한다. 우리는 잉크방울을 물에 떨어뜨리고 물속에서 아지랑이처럼 퍼져나가는 모습을 관찰한다. 이것은 이미 수화되어 있는 잉크방울이 물속으로 퍼져나가는 것이다. 이때 혼합 전 후의 엔탈피 변화는 없고 무질서도에 의한 엔트로피의 증가에 의해 자발적인 혼합현상이 일어나고, 그래서 우리는 이 현상을 확산이라 정의하는 것이다.

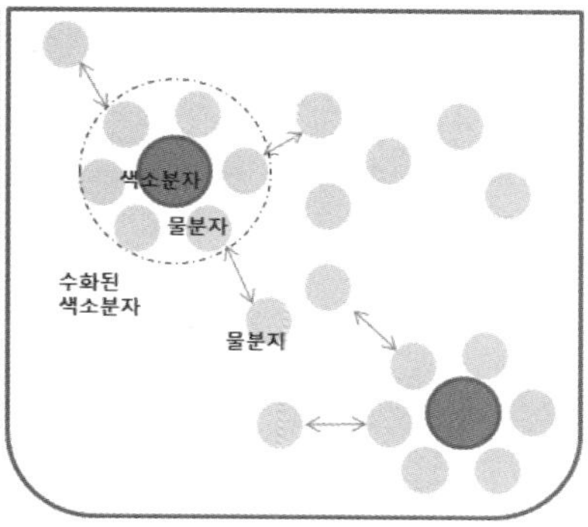

그렇다면 가루로 된 고체 색소나 흑설탕을 물속에 떨어뜨렸을 때는 어떨까? 고체상태의 물질은 물에 의해 용해된 후 수화막이 형성되어 아지랑이처럼 퍼져나가는 확산 현상이 일어난다. 이러한 예는 용해 후 확산과정이라 생각할 수 있을 것이다. 잉크방울은 이미 물속에 잉크분자가 용해되어 있는 상태일 것이다.

액체와 액체의 혼합현상에서 확산은 엔트로피에 의한 영향만으로, 용해는 엔탈피와 엔트로피 모두에 의한 자유에너지의 영향으로 기준을 세운다면, 액체와 액치의 확산의 예는 벤젠과 톨루엔의 혼합을 들 수도 있을 것이다. 벤젠과 톨루엔은 서로 성분과 구조가 비슷하여 벤젠-벤젠의 상호작용, 톨루엔-톨루엔의 상호작용, 벤젠-톨루엔의 상호작용이 거의 일치하게 되어, 혼합 전 후 엔탈피의 변화가 무시 할 수 있을 만큼 작다. 이때 두 액체의 혼합은 용해가 아닌, 무질서도에 의한 영향 만을 고려한 확산이라 할 수도 있다.

또 다른 예는 물과 에탄올이다. 물에 에탄올이 섞이는 현상을 가정해 보자. 처음엔 물이 용매이고 에탄올이 용질이었다 하더라도 계속 에탄올을 물에 부으면 나중에는 에탄올이 용매가 되고 물이 용질이 될 것이다. 하지만 어느 정도 지난 후에 더 이상 에탄올이 물속에 들어가지 못하는 상황은 발생하지 않는다. 즉 용해도가 존재하지 않는 이러한 현상은 확산으로 분류 될 수 있을 것이다. 물과 에탄올 사이의 인력의 크기는 물과 물 사이의 인력 크기나 에탄올과 에탄올 사이의 인력 크기와 큰 차이가 없다(ΔH=0). 따라서 두 물질이 섞이는 과정이 자발적으로 관찰되는 이유는 엔트로피의 증가($\Delta S > 0$)로 설명이 가능하다($\Delta G = - T \Delta S < 0$).

확산은 물질을 구성하는 입자 사이의 인력이 없을 때에만 일어나는 것이 아니라, 입자간 인력의 변화가 무시 될 만큼 작기 때문에 혼합 엔트로피의 증가가 주된 혼합의 요인이 될 때를 일컫는 것이라고 할 수 있다. 이러한 주장에 의하면 에탄올과 믈 및 벤젠과 톨루엔의 혼합 현상은 기체들의 혼합 현상과 유사하며, 일정한 양의 한계 없이 지속적으로 혼합되어 확산이라 할수 있다. 반면에 물과 부탄올의 혼합현상은 물 100g에 부탄올이 약 8g의 용해도를 가지고 있어 이는 용해라 구분할 수 있는 것이다. 에탄올에 비해 부탄올은 탄소 사슬이 길어 무극성 성질이 커지고 이에 의해 물과의 상호작용 에너지 차이가 발생하여 일정한 물에 의한 부탄올의 용해도 값이 발생하게 된다.

용해의 대표적인 현상인 소금이 물에 녹는 것 역시 용해도 값이 관찰된다. 그 이유는 소금을 구성하는 나트륨이온과 염소이온이 인력을 끊고 물과 수화되어 안정해 지는 정도가 물의 양과 관련 있기 때문이다. 물의 양이 일정하기 때문에 수화엔탈피는 일정하며, 따라서 나트륨이온과 염소이온이 물과 혼합될수록 엔트로피가 증가한다고 하더라도 엔트로피의 증가만으로 혼합 현상이 지속될 수 없기 때문이다.

부탄올과 소금이 물에 녹는 현상과 같이 용해 현상의 경우에는 물의 양에 의한 수화 엔탈피 요인이 혼합현상을 멈추게 하는데 영향을 미친다고 할 수 있다. 이러한 이유 때문에 부탄올과 소금이 물에 녹을 때에는 기체의 혼합현상과 달리 용해도가 관찰되는 것이다.

용해도를 이용해 확산과 용해를 구분해 본다면 용해도가 무한대로 커질 수 있다면 인력의 요소가 없는 확산으로, 일정한 용해도를 정의할 수 있을 것이다.

질산 칼륨 90g에 미량의 염화 나트륨이 섞여 있다. 물 100g에 이 혼합물을 넣고 가열하였다. 그림은 질산 칼륨과 염화 나트륨의 용해도 곡선이다.

(1) 60℃까지 가열하면 질산 칼륨과 염화 나트륨은 어떻게 되는가?
(2) 온도를 0℃로 낮추었을 때 몇 g의 질산 칼륨이 석출되었는가?
(3) 0℃에서 미량의 염화 나트륨이 고체로 석출되는 것인가?

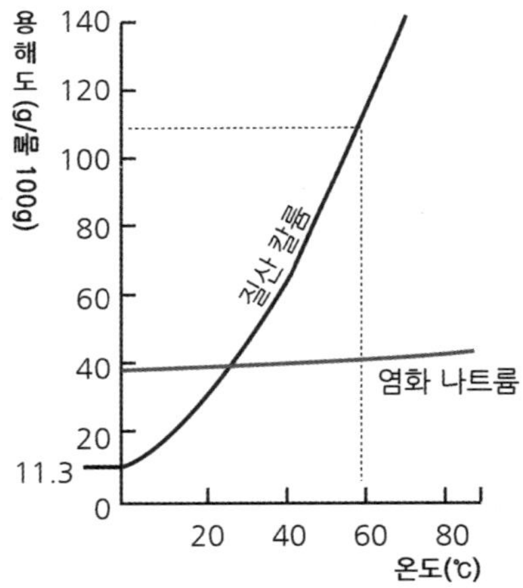

다음 그림과 같은 자료를 주고 'KNO₃(s) 혼합되어 있다. 이를 0°C까지 온도를 낮추었을 때 용질이 석출되었다. 어느 것이 나올까?'란 질문을 교과서에서 한다. 교과서에서는 NaCl(s)나 KNO_3(s)가 나온다고 하지만 실제는 그렇지 않다. 이 질문에는 두 가지 문제가 있다.

첫째, 물에 NaCl(s)만 그리고 물에 KNO_3(s)만 각각 녹였을 때와 물에 두 물질을 같이 녹였을 때 NaCl(aq)와 KNO_3(aq)의 이온 Na^+, Cl^-, K^+, NO_3^- 사이에 상호작용이 생겨 각 물질의 용해도가 달라진다. 그림에서 보여 지는 온도에 따른 용해도 곡선은 각 물질의 온도에 따른 용해도 일 뿐 두 물질이 함께 녹아있을 때의 용해도를 나타내는 것이 아니다. 용해도 차를 이용한 석출시 용질 간의 상호작용을 완전히 배재하고 있는 것이다.

둘째, 물에 NaCl(s)과 KNO_3(s)가 녹아 이온화 되면 Na^+, Cl^-, K^+, NO_3^-가 무작위로 배열되고 석출될 때는 무작위로 결합되어 NaCl(s)과 KNO_3(s)뿐만 아니라 $NaNO_3$(s)와 KCl(s)도 석출되게 되므로 문제가 요구하는 답은 실제로 관찰되지 않는 값이다.

15 끓는점 오름 현상에 대한 이해

가로막기 모형 VS 깁스에너지

용액은 순수한 용매와 달리 끓는점 오름 현상이 일어난다. 이를 설명하기 위한 고등학교 내용은 가로막기 모형이다. 가로막기 모형이란 순수한 용매의 증기압보다 묽은 용액의 증기압력이 낮아지는 이유를 설명하는 모형의 한 종류를 말한다. 순수한 용매의 경우 증발이 일어나는 표면이 모두 용매입자이지만, 용액의 경우 표면에 용질입자와 용매입자가 모두 분포한다. 이 때 용질입자가 용매입자를 가로막아 증발을 방해하기 때문에 증발속도가 느려져 증기압력이 낮아진다고 설명하는 모형이다. 다음은 증기압력 내림을 설명하는 교과서의 그림 자료이다.

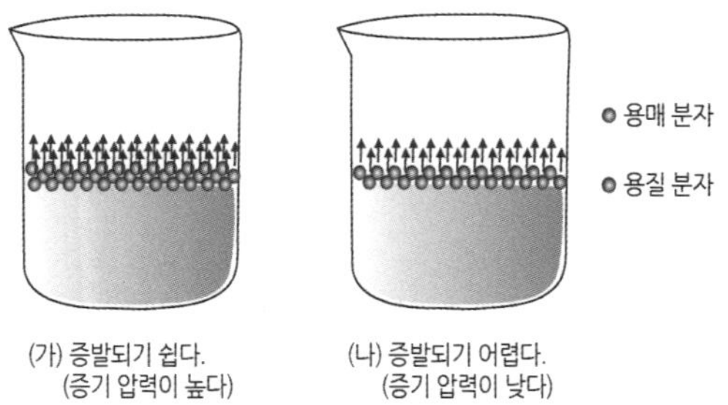

그림2-29 용매와 용액의 증가 압력 비교

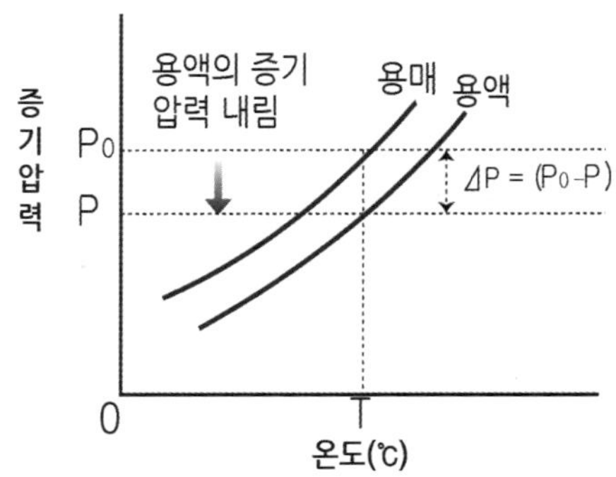

그림2-30 용해와 용액의 증기 압력 곡선

가로막기 모형을 이용한 교과서 설명의 예

'용질이 용매 표면을 가로막으면 증기 압력이 낮아진다?'이 간결한 문장 속에는 용질의 종류에 상관없이 용질이 용매의 표면을 가로막으면 증기압력이 낮아지며, 가로막은 정도가 클수록 증기압력이 더 크게 감소한다는 의미를 담고 있다. 이는 증기압력을 낮추는 데에는 가로막는 용질의 종류가 중요한 것이 아니라 얼마나 가로막느냐, 즉, 용질이 얼마나 많이 들어있느냐가 중요한 것이다. 실제로 비전해질, 비휘발성 용질을 이용할 경우, 묽은 용액에서 용질의 종류에 관계없이 증기압력 내림의 정도가 같다는 실험결과는 가로막기 모형의 합리성을 강하게 뒷받침해 주는 증거가 되고 있다.

이와 같이 가로막기 모형을 이용하면 용액의 증기압력 내림의 원리를 효과적으로 설명할 수 있기 때문에 가로막기 모형은 매우 유용하다.

그러나 가로막기 모형은 용액 속의 용질이 용매를 가로막은 것이므로 그만큼을 표면이 가로막힌 목이 좁은 병으로 보는 것과 동일하다.

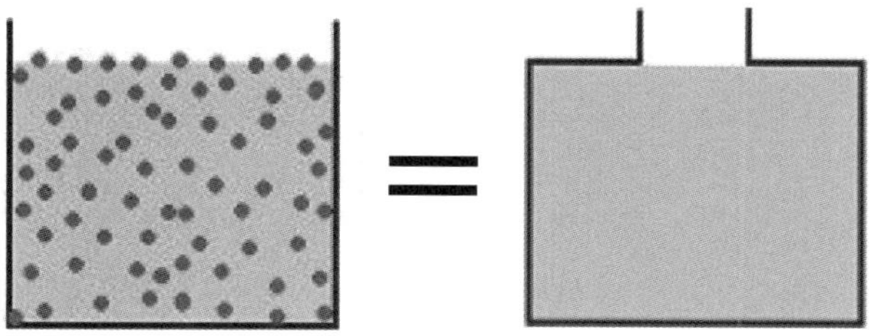

가로막기 모형 가로막기 모형은 순수한 용매가 있을 때 증발면의 입구를 가로막아 증발을 방해하는 것과 같이 용액 속에서 용질이 용매의 증발을 방해한다고 설명한다.

가로막기 모형을 이용한 용액의 증기압력 내림에 대한 설명이 매우 그럴 듯해 보이지만 오류를 담고 있다. 이 오류를 설명하기 위해 아래와 같은 경우를 생각해 보자.

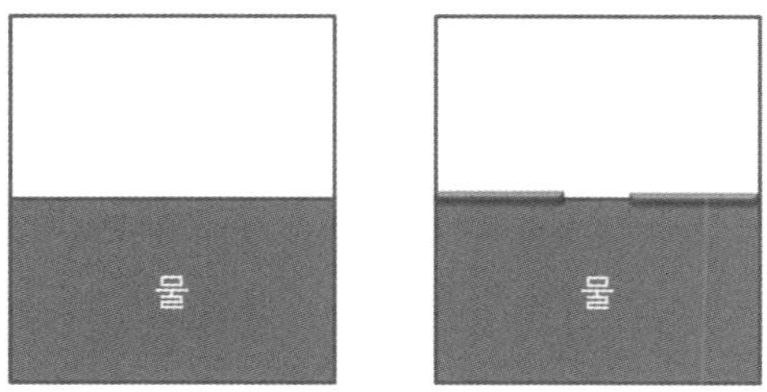

표면을 가리지 않는 물과 유리판으로 표면을 가린 물. 표면의 유리판은 용액 속의 용질을 나타낸다.

그림은 물이 증발되는 표면을 가로막지 않은 경우와 표면의 일부를 가로막은 경우를 나타낸 것이다. 이것은 용매와 용액의 증기압력의 차이를 가로막기 모형으로 설명하기 위해 만든 것으로, 유리판으로 표면을 가린 것이 묽은 용액에 해당되며 유리판은 표면의 용질을 나타낸다.

온도, 부피 등의 변인 통제가 완벽하게 되었고, 양쪽에서 동시에 기화되기 시작한다고 가정하였을 때, 물의 증발 속도를 결정하는 요인은 무엇일까? 증발 속도는 반응 속도론적 관점에서 접근을 해야 하므로 이 경우 기화가 일어나는 표면적이 증발 속도를 결정할 것이다. 표면적이 작은 경우, 증발이 일어나는 범위가 좁기 때문에 증발 속도는 느려질 것이다. 그러므로 표면을 가로막은 용기에서의 증발 속도는 막지 않은 경우에 비해 상대적으로 느리다.

결국 넓은 범위에서 증발이 일어나느냐 좁은 범위에서 일어나느냐에 따른 기화량의 차이가 증발속도를 결정짓는 요인으로 작용한다.

기화 표면적이 넓은 경우 기화 가능한 표면 입자가 많기 때문에, 증발 초기에는 표면이 좁은 경우에 비해 같은 시간 동안 기화량이 많을 것이다.

증발이 일어나면 밀폐된 공간은 점점 수증기로 채워지게 되고, 채워지는 수증기 분자 수에 비례하여 응축 속도가 증가한다. 응축속도가 증가하면 어느새 증발 속도와 같아지게 되는 지점에 이르게 되어 겉으로 보았을 때 더 이상 증발이 일어나지 않는 '동적 평형'에 도달하게 된다. 이때 수증기들의 압력이 '증기 압력'이 되는 것이다.

가로막지 않은 경우는 넓은 표면에서 증발이 한꺼번에 일어나므로 밀폐된 빈 공간을 빨리 채우게 되고, 채워지는 수증기량에 비례하여 응축 속도도 빨라진 상태로 동적 평형에 도달한다.

반면 가로막은 표면은 막지 않은 경우에 비해 증발속도가 느리기 때문에 같은 시간 동안 공간을 채우는 수증기량이 적어 응축속도가 상대적으로 느리다. 그러므로 가로막지 않은 경우에 비해 느린 증발 속도, 느린 응축 속도로 동적 평형에 도달하며, 상대적으로 적은 수증기량으로 인해 표면적으로는 증기 압력이 낮아지게 되는 결과를 가져오는 것처럼 보인다. 하지만 여기에는 큰 맹점이 숨어있다. 다음의 경우를 생각해 보자.

우리는 이른 아침 바깥을 걷다보면 곳곳에서 이슬이 맺힌 것을 관찰하게 된다. 풀잎, 나뭇가지, 비닐하우스 표면 등 공기 중의 수증기가 응축할 때 여러 표면에서 응축이 일어나게 된다. 또한 마시다 남긴 물병을 뚜껑으로 닫아 놓았을 때에도 마찬가지로 물병의 곳곳에서 응축된 물방울을 관찰할 수 있게 된다.

아래의 그림을 다시 살펴보자.

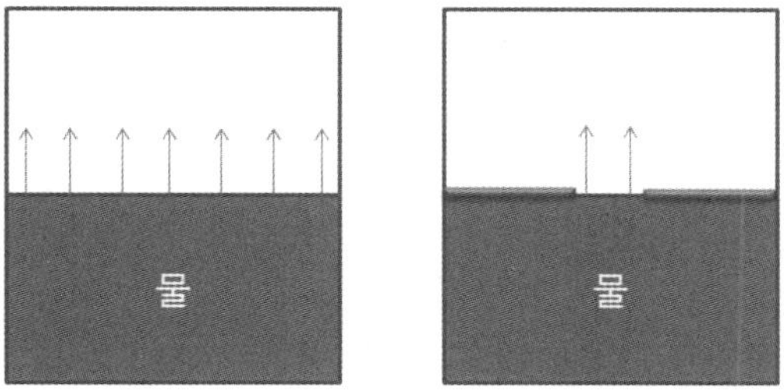

증발이 일어나는 표면적의 차이 : 응축이 일어날 때 반드시 용매 표면으로 일어나는 것이 아니므로 증발 표면적의 차이가 있는 것 같지만 실제적으로 차이가 없다고 볼 수 있다. 표면이 있는 어떤 곳에서든 응축이 가능하며, 그 결과 여러 군데에서 액체 방울을 관찰하게 되고, 그 응축된 액체 방울이 증발 표면적이 되어 결국은 증발 표면적이 넓어지게 된다.

이 그림은 기화가 일어나는 표면적 이외에 모든 경우에 대해 완벽하게 변인 통제가 되었다고 가정하였다. 그러나 자세히 들여다보면 가로막은 경우, 유리판으로 인해 용매의 표면적이 줄어 든 대신 용기 내부 표면이 넓어졌다는 것을 알 수 있다. 이것은 기화가 일어나는 표면적은 줄어 들었지만, 응축은 모든 곳에서 가능하기 때문에 응축의 표면적은 가로막지 않은 경우와 같다는 것을 의미한다.

그래서 가로막은 경우, 기화가 일어나는 초기에는 증발 속도가 느려지게 되고, 이로 인해 응축 속도 또한 느리다. 그러나 비록 응축 속도가 느릴지라도 모든 곳에서 응축이 가능하기 때문에 유리판 위로도 응축이 일어나 액체 방울을 형성하게 되고, 이 액체 방울이 또 다른 기화 표면으로서 역할을 하기 때문에 기화 표면적이 점점 늘어나게 되어 증발 속도 또한 점점 증가하게 될 것이다. 이와 더불어 응축 속도 또한 증가하게 되어 결국은 가로막지 않은 경우와 증기 압력이 같아지게 될 것이다.

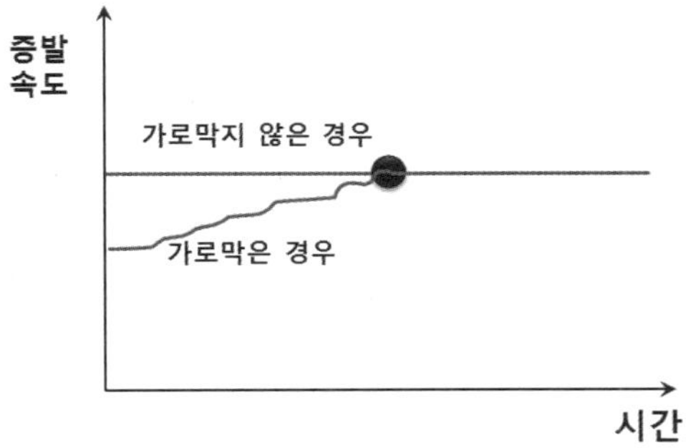

같아지는 증발 속도 증발 속도는 증발 초기에 차이가 있을 뿐 시간이 흐를수록 가로막은 경우와 증발 표면적이 늘어나 증발 속도는 같아지게 된다.

가로막은 경우에서 단지 증발이 일어나는 초기에만 증기압이 낮아질 뿐이지 시간이 흐르면 가로막지 않은 경우와 모든 상황이 거의 유사해지기 때문에 증기 압력은 같아질 수밖에 없다. 결국 가로막음으로 인해 동적 평형 도달 시간만이 길어졌을 뿐이다. 이는 증기 압력에 영향을 미치는 요인이 온도와 액체의 종류라는 이론적 내용과도 일치한다. 이 경우 이미 온도 등의 변인 통제가 완벽하게 된 상황을 가정하였고, 두 경우 모두 순수 용매 상태이므로 평형에서 양쪽의 증기 압력은 같아질 수밖에 없다.

그러므로 동적 평형 도달 시간만의 차이일 뿐(같은 기화 표면적을 만들기 위한 시간의 차이일 뿐이다.) 양쪽 모두의 증발 속도와 응축 속도가 같아져 같은 증기 압력을 형성할 수밖에 없기 때문에 가로막기 모형을 이용하여 용액의 증기 압력 내림을 설명하는 것은 무리가 있다고 볼 수 있다.

이를 그래프로 표현하면 아래와 같다.

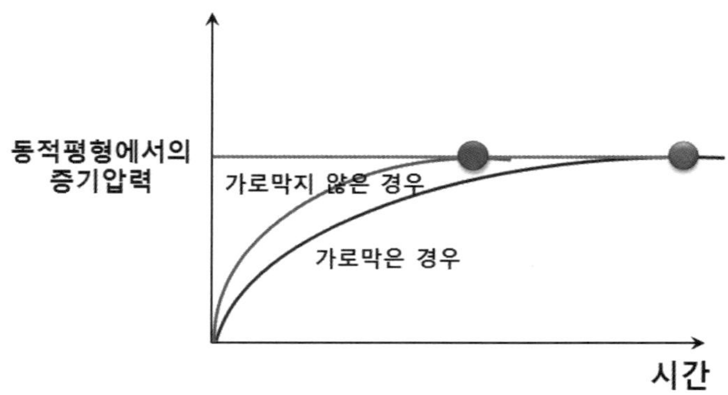

동적 평형 도달 속도의 차이 기화 표면적의 차이는 동적 평형 도달 시간의 차이일 뿐이다. 온도 등의 조건이 동일하기 때문에 표면을 가로막더라도 증기 압력은 서로 같을 수밖에 없다.

용액의 증기 압력이 용매보다 작아지는 이유를 가로막기 모형으로 설명한다면 결국 순수 용매나 용액의 경우 같은 증기 압력 값을 갖아야 한다는 모순된 결론에 도달하게 된다. 가로막기 모형은 동적 평형 도달 속도에 대한 요인일 뿐 근본적인 원리를 설명할 수 없다. 그러므로 가로막기 모형으로 설명하는 것은 바람직하지 않으며 다른 원리로 설명해야 한다.

용액에서의 증기 압력의 내림은 현상적으로 나타난 결과이다. 같은 현상을 바라봄에 있어 현상에 대한 해석은 현상이 일어나도록 만드는 내부 과정들을 논리적으로 유추해야 하는 경우가 많기 때문에 다양할 수 있다. 마치 같은 현상을 두고 천동설과 지동설의 설명 방식이 다른 것처럼 이 또한 같은 맥락에서 바라볼 수 있다.

현상에 대한 해석은 그 내용이 논리적이고 타당할 때 우리는 그 설명방식을 인정하고 받아들인다. 가로막기 모형의 사용에 대한 상반된 두 입장은 매우 논리적이지만 각각 한계점을 갖고 있다.

가로막기 모형 사용의 오류를 다음의 그림과 같은 방법으로 생각해 보자.

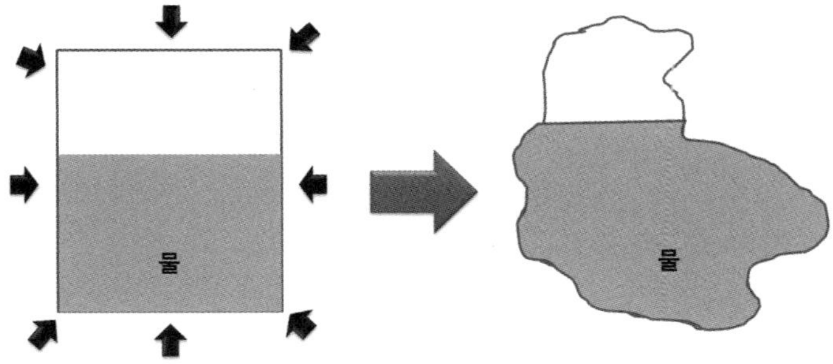

물이 들어있는 밀폐용기의 모양 변화 전과 후

사각의 용기에 물이 담겨 있고, 이미 동적 평형에 도달해 있다고 가정하자. 만약 용기가 외부 압력에 모양이 쉽게 변하는 재질이라고 했을 때 그림처럼 용기의 모양을 바꾸어 보자. 이때 모양 변화에 의한 용기 부피 변화가 없다고 가정한다면, 용기의 모양이 변했다고 해서 증기 압력이 달라지겠는가? 달라지는 일은 절대로 없을 것이다.

따라서 단지 표면에 유리판을 덮었을 뿐, 혹은 표면 부분의 용기 모양만 달리했을 뿐 달라진 것은 아무 것도 없기 때문이다. 실제로 가로막기 모형에서 의도하고자 했던 점은 용질이 가로막음으로 인해 가로막지 않은 경우보다 증발 표면적만이 좁아졌다는 점이다. 그러나 위와 같이 용기의 모양만을 변화시켜 표면을 좁게 만든 경우는 증기압력이 낮아지지 않는다.

가로막기 모형으로 증기압력 내림 현상을 설명하기 어렵다.

비휘발성, 비전해질 묽은 용액의 증기 압력 내림 정도가 용질의 영향을 받지 않는다는 점에서 가로막기 모형을 이용한 설명은 꽤 명쾌해 보인다. 용질의 종류가 아닌 가로막는 입자의 수가 증기 압력 내림 값을 결정하는 것이다. 따라서 용질 입자 수가 많을수록 증기 압력 내림 값은 비례적으로 증가할 것이다.

그러나 실제 용액에서 증기 압력 내림 값이 농도에 비례 관계로 증가하는가? 그렇지 않다. 용액의 농도가 진해질수록 쉽게 경향성에 위배가 되며, 용질의 종류에도 영향을 받는다. 이는 가로막는 영향 이외에도 증기 압력 내림에 영향을 미치는 다른 요인이 있으며, 그 요인이 용질 입자의 인력이라는 것도 알 수 있다. 인력을 무시한 가로막기 모형을 이용한 설명은 이러한 한계에 부딪히게 되어 용액의 증기 압력 내림 현상을 완벽하게 설명할 수 없다는 것을 알 수 있다.

이와 같이 모형을 이용한 설명은 완벽하게 개념을 설명할 수 없을 뿐더러 다른 오류를 낳을 수 있다. 이와 같이 모형의 사용에 대해 상반된 주장이 있다는 것도 어쩌면 모형의 불완전함을 보여 주고 있는 증거일지도 모른다. 물론 모형을 사용하면 교사로서 설명하기도 편하고, 학생들을 쉽게 이해시킬 수 있다는 장점도 있다.

하지만 모형의 잘못된 적용, 혹은 잘못된 모형의 사용은 큰 오개념을 만들 수 있기 때문에 깊은 주의가 필요하다. 이러한 모형 사용의 위험에 대한 내용은 2009 개정 교육과정에도 명시하고 있다.

어려운 개념을 쉽게 이해시키기 위해 이용한 모형이 오류를 만들 수 있기 때문에 교사는 모형을 이용할 때 어떤 오개념들이 발생할 수 있는지에 대해 미리 충분히 인식해야 한다. 그리고 실제 수업에 적용 시 모형만을 이용한 설명보다는 모형과 과학적 개념을 연결시켜 최대한 학생들에게 오개념이 생기지 않도록 지도해야 한다. 또한 학생들에게 주의사항, 한계점을 알려주는 것도 좋은 방법이 될 것이다.

증기 압력은 밀폐된 상태, 일정 온도 하에서 용매의 증발에 의해 형성된 증기가 갖는 압력을 말하며 물질의 종류에 따라 달라지며 같은 물질이라도 온도에 따라 달라진다.

순수한 용매에 비휘발성 용질이 용해되면 순수할 때보다 증기압력이 낮아진다. 묽은 용액에서 증기압이 내려가는 이유는 깁스자유에너지 변화로 설명이 가능하다.

$$\Delta G = \Delta H - T\Delta S - S\Delta T$$

보통의 조건에서 용액이 형성되었다는 것은 자발적인 과정이므로 $\Delta G < 0$을 의미한다. 그러므로 ΔG의 두 요소인 엔탈피 변화와 엔트로피 변화로 설명할 수 있다.

순수한 용매는 용매 입자 사이에서만 인력이 작용한다. 그러나 용액의 경우는 순수한 용매에 용질이 녹아 들어감으로써 용매 간 인력과 함께 용매-용질 간에도 상호 인력이 작용하게 된다.

그러므로 기화가 일어날 때 순수한 용매와 용액 간에는 차이가 생길 수밖에 없으며, 그 결과 증기 압력도 다를 수밖에 없다.

일반적으로 용액이 만들어지기 위해서는 용매-용매 입자 간 인력, 용질-용질 입자 간 인력보다 용매-용질 간 인력이 더 커야 한다.

그러므로 용액이 형성되었다면 용매-용질 간의 상호 작용이 크게 작용하므로 기화할 때 용매-용질 간 인력이 순수한 용매일 때보다 크기 때문에, 떨어지기 쉽지 않게 된다. 결국 기화가 잘 일어나지 못해 증기의 양이 적은(밀도가 작은) 상태로 동적 평형이 이루어지고 증기 압력은 낮아지게 된다.

용해가 일어나려면 용질의 종류가 매우 중요하다. 그러나 증기압력 내림 현상은 용질의 종류보다는 용질의 입자수에 더 큰 영향을 받는다. 용질의 인력이 중요한 요인이라면, 용질의 종류에 큰 영향을 받아야 한다. 그러나 용질-용매 간의 인력이 용질-용질, 용매-용매의 인력보다 큰 발열반응 뿐 아니라, 용질-용매 간의 인력이 용매-용매, 용질-용질의 인력보다 작은 경우(흡열 반응)에서도 증기 압력은 낮아진다. 또한 비휘발성, 비전해질의 묽은 용액에서 용액의 농도가 같을 때, 용질이 설탕이든, 포도당이든 용질의 종류에 관련 없이 증기압력은 같은 크기만큼 내려간다. 용질의 종류에 따라 용매와의 인력이 다름에도 불구하고 증기 압력의 변화량이 같다는 것이다.

이는 엔탈피만으로 증기 압력 내림의 모든 것을 설명하기에는 부족한 면이 있다는 것을 뜻한다. 그러므로 엔트로피의 변화를 고려한 깁스자유에너지 값을 고려할 필요가 있다.

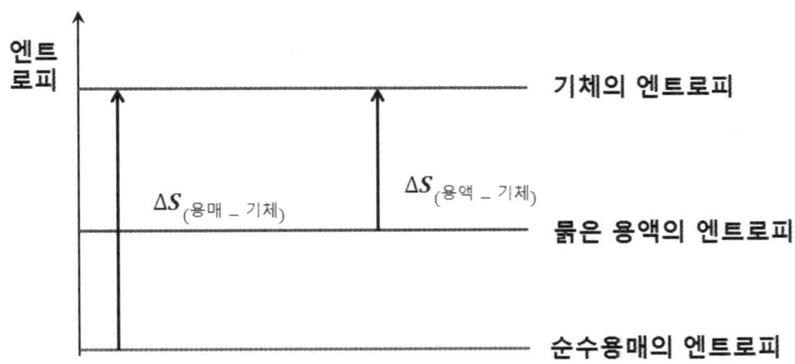

기화될 때 용액과 용매의 엔트로피 변화

순수한 용매, 묽은 용액, 기체는 각각 다른 엔트로피 값을 갖는다. 가장 무질서한 기체의 엔트로피가 가장 크고, 무질서도가 가장 작은 순수 용매의 엔트로피가 가장 작다.

순수 용매와 용액에서의 기화는 모두 엔트로피가 증가한다. 엔트로피 증가량을 비교하기 위해 위 그래프를 통해 살펴보면, 기화가 일어날 때 용액보다 순수 용매에서의 엔트로피 증가량(△S)이 더 크다는 것을 알 수 있다. 따라서 순수한 용매보다 용액에서 깁스자유에너지 값이 더 작다. 기체로 되는 경향이 순수한 용매보다 용액에서 상대적으로 작아 증기 압력이 낮아지게 된다.

대부분의 교과서의 용액의 총괄성 단원에서는 첫 부분에 증기압력과 증기 압력 내림을 학습하고, 다음으로 끓는점 오름을 학습한다. 끓는점 오름의 원리를 설명하기 위해서는 액체-기체 간 상전이 개념이 들어가므로 증기 압력 내림을 이용하여 설명해야 하기 때문에 끓는점 오름의 원리를 학습하기 위한 개념적 흐름이 논리적으로 잘 연결되어 있다.

그러나 어는점 내림의 경우에는 고체-액체 간 상전이이므로 증기 압력이 존재할 수 없다. 그럼에도 불구하고 교과서에서는 아래의 예시와 같이 순수한 용매와 용액의 증기 압력 곡선을 이용하여 어는점 내림의 개념을 정리하고 있다.

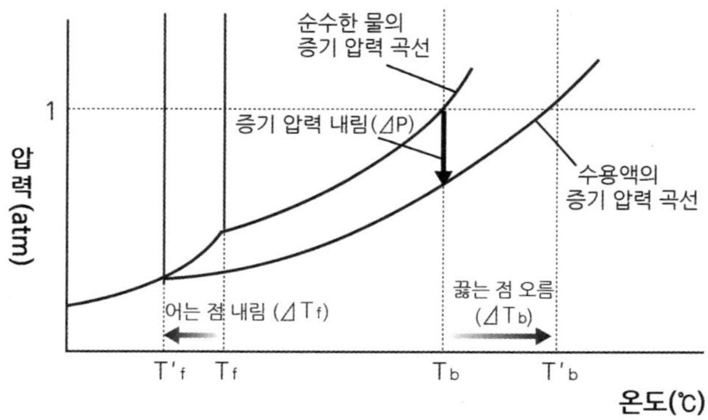

증기 압력 곡선을 도입하여 끓는점 오름과 어는점 내림을 설명하는 교과서 예시

마찬가지로 **비휘발성 용질**이 녹아 있는 용액의 어는점은 그림 2-32에서 알 수 있듯이 수용액의 어는점(T_f')이 물의 어는점(T_f)보다 낮다. 따라서 이것으로부터 수용액의 어는점이 순용매의 어는점보다 낮다는 것을 알 수 있다. 이 때 순수한 용매의 어는점과 용액의 어는점의 차이인 ΔT_f를 **어는점 내림**이라고 한다.

$$\Delta T_f = T_f - T_f'$$

작은 온도 범위 내에서 증기 압력 곡선은 직선으로 볼 수 있으므로, 증기 압력 내림(ΔP)은 끓는점 오름(ΔT_b) 및 어는점 내림(ΔT_f)에 비례한다.

또한 묽은 용액에서 용액 속 용질의 몰랄 농도는 용질의 몰 분율에 비례한다. 따라서 식 (1)을 적용하면 용액의 끓는점 오름이나 어는점 내림이 용질의 몰랄 농도에 비례한다고 할 수 있다.

$$\left.\begin{aligned} \Delta T_b &= \mathrm{m} \times K_b \\ \Delta T_f &= \mathrm{m} \times K_f \end{aligned}\right\} \qquad (2)$$

증기 압력 곡선을 이용하여 어는점 내림을 설명하는 교과서의 예시

끓는점 오름과 같은 원리로 설명할 수 없는데도 불구하고 증기압력 곡선으로 어는점 내림의 원리를 설명하고, 간단한 식으로 정리하는 교과서의 전개는 문제가 있다. 그렇다면 어떤 방법으로 어는점 내림을 설명해야 하는가?

결론적으로 어는점 내림에 관한 설명도 깁스자유에너지 개념으로 설명해야 한다.

$$\Delta G = \Delta H - T\Delta S$$

즉, 엔탈피(인력의 요소), 엔트로피(무질서도)로 설명할 수 있다.

물질이 언다는 것은 상황에 따라 자발적, 비자발적인 과정이 될 수 있다. 물질이 어는 현상은 발열 과정이므로 ΔH는 용매나 용액의 경우에서 모두 음의 부호($\Delta H < 0$)를 갖는다.

용액이 얼 때 특이한 점은 용액 상태로 어는 것이 아니라 용매만 따로 분리되어 언다는 점이다. 이런 현상은 실생활에서 음료수를 얼렸을 때, 아래 사진과 같이 얼음 층과 진한 음료수 층의 두 층으로 나뉘는 경험 등에서 쉽게 경험할 수 있다.

그러므로 묽은 용액의 경우 용질의 효과가 미약하므로 순수 용매와 묽은 용액에서 ΔH 차이는 거의 없다고 볼 수 있다. 즉, 엔탈피에 의한 효과는 무시해도 될 것이다. 그러므로 엔트로피 변화를 살펴보아야 한다.

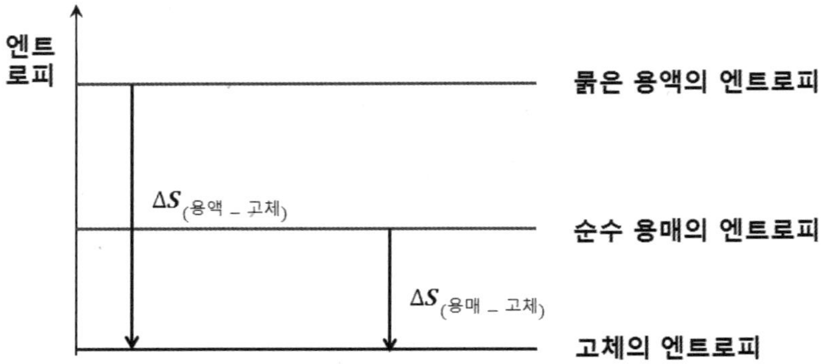

얼 때 용액과 용매의 엔트로피 변화

엔트로피로 살펴보면 용액은 용매보다 더 무질서하므로 엔트로피 값이 더 크다. 그리고 언다는 것은 매우 규칙적인 배열을 갖는 고체가 형성되기 때문에 무질서도가 감소한다. 그래서 고체의 엔트로피 값이 액체보다 작다.

물과 수용액이 얼 때 ΔH 는 같은 값을 갖지만, ΔS는 각각 물에서 -31.92 J/K.mol 수용액에서 -37.01 J/K.mol 으로 서로 다른 값을 갖는다. 보통의 조건에서 물은 온도를 0°C(273K)까지 내리면 자발적으로 언다($\Delta G < 0$0). 그러나 수용액이 얼 때는 물의 경우보다 엔트로피가 더 많이 감소하기 때문에, 같은 온도에서 $(-T\Delta S)$항이 보다 큰 양의 값을 갖게 된다. 그러므로 물에 비해 증가한 양의 값을 상쇄시키기 위해서는 물의 어는점 0°C(273K)보다 온도(T)를 더 낮추어야 수용액이 얼기 시작할 것이다.

그래서 용액의 경우는 용매의 경우보다 온도가 더 낮아야만 어는 현상이 관찰된다. 이 과정에서 순수용매보다 어는점이 낮아지는 어는점 내림이 생기게 되는 것이다. 이는 영하의 날씨에도 바닷물이 얼지 않는 이유가 되며, 빙판 길에 제설제를 뿌리면 빙판이 녹는 원리가 되는 것이다.

결국 어는점 내림을 설명하기 위해서는 엔트로피, 깁스자유에너지 개념을 모두 이용해야 한다는 것을 알 수 있다.

16 상평형과 상전이에 대한 이해

평형과 비평형의 문제

초등학교 3학년 과학을 접하면서 학생들은 우리주변의 물질이 고체, 액체, 기체의 상으로 존재하고 각 상들의 특징을 배운다. 또한 고학년이 되면 물이 얼음이나 수증기로 변하는 것을 학습하면서 같은 물질이 다양한 상으로 존재할 수 있고 상전이가 있을 때 부피 변화가 있음을 배운다.

중학생이 되면 거시적 현상에서 접근하였던 초등학생의 수준에서 벗어나 상을 미시적 관점에서 접근하게 된다. 입자 모형을 이용해 상전이에 따른 배열의 차이를 학습하고 물질의 상전이가 에너지의 출입을 동반하며 이때 입자의 운동이 달라짐을 배운다. 고등학생이 되면 상평형 곡선과 증기압력을 배우면서, 상전이에 관한 전반적인 심화학습을 하게 된다.

상과 상전이에 대한 학습은 초등학교부터 고등학교까지 배우며 화학에서 다루는 내용 중 많은 범위를 차지하는 중요한 부분이다. 거시적 현상과 함께 미시적인 입자 관점과 에너지의 관점을 연결하는 것이 중요하다.

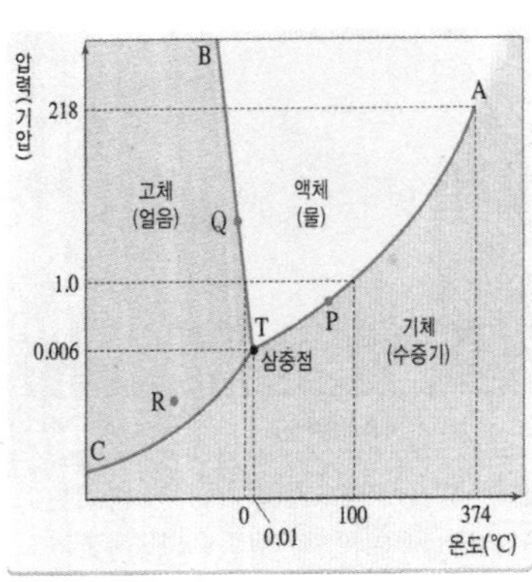

물의 상평형

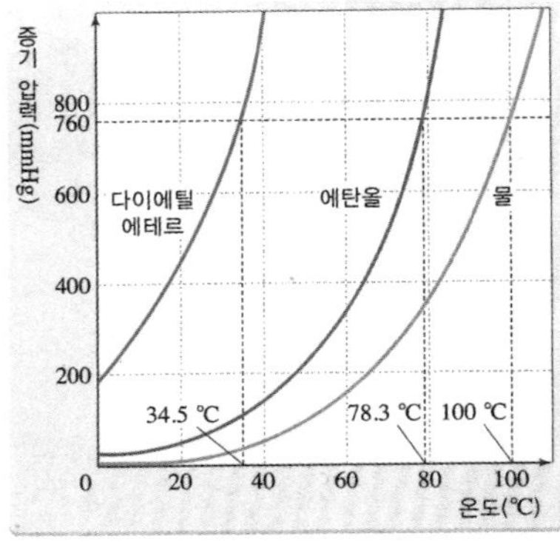

여러 가지 물질의 온도에 따른 증기 압력

두 그림은 모두 교과서에서 제시된 증기압력 곡선과 상평형 그림이다. 왼쪽 그림의 증기 압력은 온도에 영향을 받는 값이므로 증기 압력 곡선에서 가로축은 온도, 세로축은 증기압력을 나타낸다. 반면 오른쪽 그림의 상평형 그림에서는 가로축은 온도로 같지만 세로축은 압력(기압)을 나타낸다. 여기서 말하는 세로축의 압력은 무엇을 말하는 것일까?

어떠한 상이 가장 안정하다는 것은 해당 온도와 압력에서 깁스자유에너지가 최소라는 것을 의미한다.

1기압 25°C에서는 물은 액체상태로 존재하는데 이는 1기압 25°C에서 물은 액체상태의 깁스자유에너지가 고체나 기체 상태의 깁깁스 자유에너지와 비교할 때 가장 작다. 1기압 25°C에 얼음을 두면 저절로 녹는데 이도 얼음의 깁스 자유에너지보다 물의 깁스 자유에너지가 작아 자발적으로 얼음이 물로 변하게 되는 것이다. 물질 1몰당 깁스자유에너지를 나타내는 화학포텐셜 μ로 표현하면 다음의 그래프와 같다.

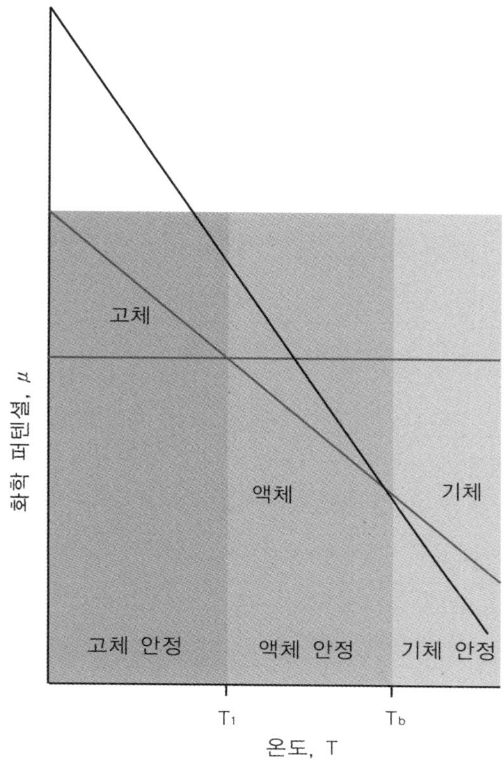

온도에 따른 고체, 액체, 기체의 상대적 화학 퍼텐셜

온도가 낮을 때는 고체 화학포텐셜 에너지가 가장 낮으므로 고체로 존재하지만 온도가 높아지면 화학포텐셜 에너지의 값이 가장 낮은 상태는 액체, 기체로 변화한다.

고체에 온도를 높여 주면 액체로 상전이가 일어나는데 상전이가 일어나는 그 온도에서는 고체와 액체의 깁스자유에너지는 같아지고 이때의 온도가 녹는점(T_f)이 된다. 또한 액체와 기체의 깁스 자유에너지가 같아지는 온도가 끓는점(T_b)이 된다.

물질의 상은 온도뿐만 아니라 압력에도 영향을 받는 값이므로, 압력에 의하여 깁스자유에너지가 달라진다. 위의 그래프가 압력을 고정시키고 온도에 따른 깁스자유에너지를 나타낸 것인데, 온도에 따른 깁스자유에너지를 나타낸 2차원적인 위 그래프에 압력의 축을 넣어 3차원으로 만들고, 이를 다시 압력과 온도에 따라 깁스 자유에너지가 가장 낮은 그래프를 표현하면 아래와 같은 상평형 그림이 된다.

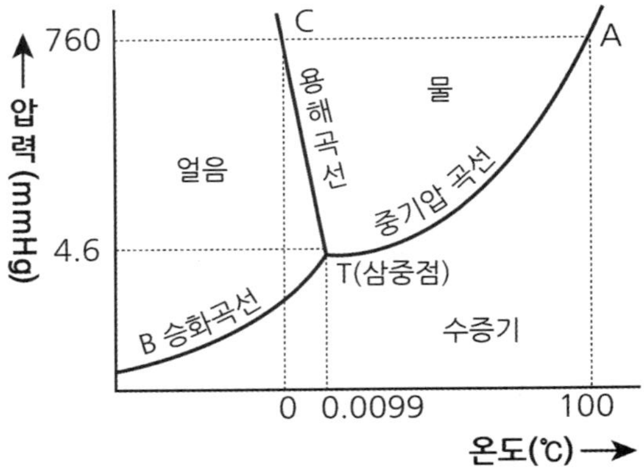

물의 상평형 곡선

상평형 그림에서 면은 해당 온도와 압력에서 깁스자유에너지가 가장 작으므로, 가장 안정한 상을 의미한다. 곡선에서는 접하고 있는 두 상의 깁스자유에너지가 같아져 두 상이 공존하고 있으며 이들을 각각 융해곡선, 승화곡선, 증기압 곡선이라 부른다.

이렇게 상평형 그림에서 압력은 그 상태로 존재할 수 있게 하는 외부압력을 의미한다.

그런데 왜 물과 수증기가 맞닿아 있는 곡선을 기화 곡선이라 부르지 않고 증기압 곡선이라고 부르는 것일까? 이는 해석하기 따라 물과 수증기가 공존하고 있는 온도와 압력을 나타낸 곡선이기도 하지만 증기압력을 나타내는 곡선이기 때문이다. 이를 설명하기 위해 증기 압력에 대한 이해가 필요하다.

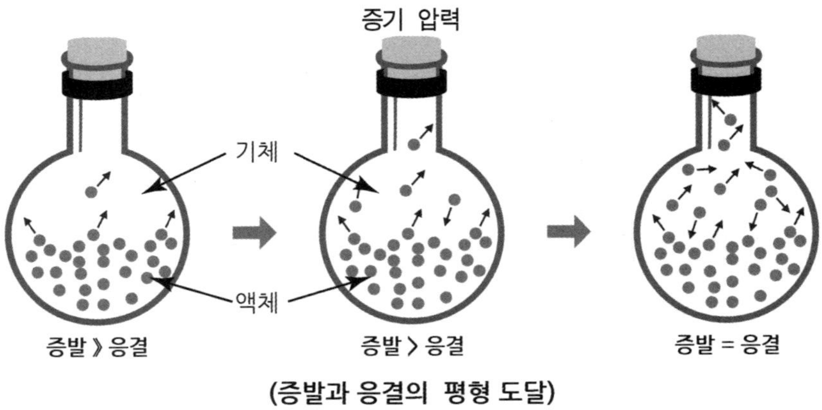

시간이 지나면 결국 증발 속도와 응결 속도는 같아진다.

일정한 온도에서 진공 상태인 밀폐 용기에 액체를 넣어두면 그 액체는 증발한다. 어느 정도 증발하면 증발하여 생성된 기체 입자 중 일부는 다시 액체와 충돌하여 액체상이 된다. 처음에는 기체 입자의 수가 작기 때문에 액체상이 되는 응결속도는 증발속도에 비해 느리다. 하지만 시간이 지나 기체입자의 수가 증가하면 응결속도는 점점 빨라져 응결속도와 증발속도가 같아지게 된다. 이처럼 응결속도와 증발속도가 같아지면 겉으로 보기에는 응결도 증발도 일어나지 않는 것처럼 보이는데 이 상태를 동적 평형 상태라고 부르며, 이때 상평형 상태가 된다.

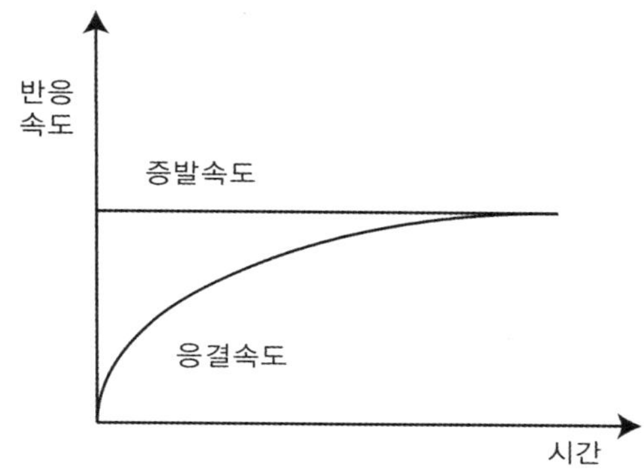

시간이 지나면 결국 증발 속도와 응결 속도는 같아진다.

응결 속도와 증발 속도가 같아 기체입자수의 변화가 없는 동적 평형 상태에서 기체가 가지는 압력을 증기압이라고 한다. 이때 각 물질의 온도에 따른 증기 압력을 나타낸 그래프가 증기 압력 곡선이 된다.

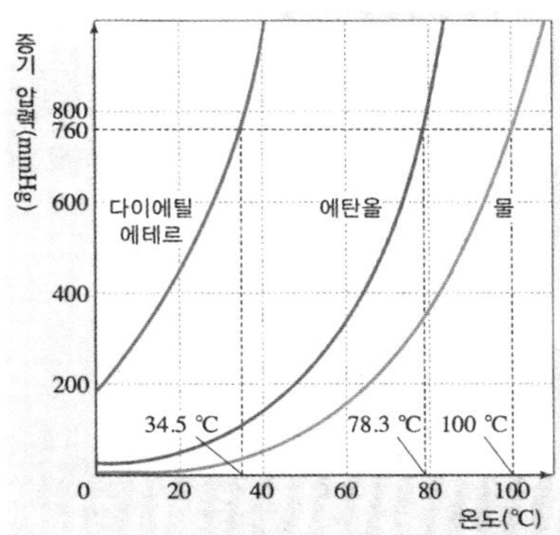

여러 가지 물질의 온도에 따른 증기 압력

증기압은 물질마다 다르며, 온도가 높아짐에 따라 증발되는 양이 많아져 증기 압력도 증가하게 된다. 즉, 증기 압력은 물질과 온도에 따라 변하는 값이다.

주전자에 물을 넣고 가열하면 처음에는 증발만 일어나다가 일정온도가 되면 끓게 된다. 증발과 끓음은 다른데, 증발이란 액체의 표면에서 일어나는 기화 현상을 의미하고 끓음이란 액체의 내부에서도 일어나는 기화 현상을 의미한다. 끓음이 일어나면 액체의 내부에서 기화가 일어나 생성된 기체가 기포를 형성한다.

이 기포는 액체의 기화에 의해서만 생성되므로 이 기포의 압력은 해당 온도에서의 증기 압력이 된다. 그런데 이 기포는 평소에는 쉽게 생성되지 않는다. 대기압에 의해 나타나는 수압 때문에 기포 내부의 증기 압력이 수압과 대기압의 합보다 작다면 기포는 생성되지 못한다. 따라서 기포가 생성되기 위해서는 기포 내부에서 생성된 증기 압력이 대기압과 같거나 커야 가능하다.

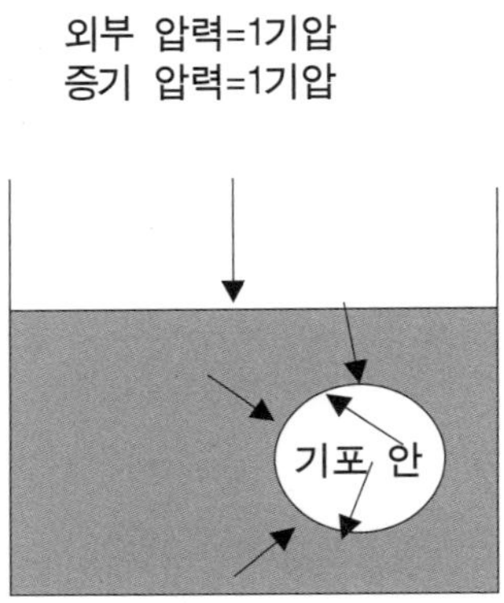

외부 압력을 이길 수 있는 만큼의 기포 내부 압력, 증기 압력이 만들어져야 끓을 수 있다.

물은 1기압 100°C에서 끓고 이때의 증기압력이 1기압이다. 만약 외부압력이 달라져 0.95기압이 되면 증기 압력 또한 0.95기압이 되는 온도에서 끓는다. 해당 온도에서의 증기 압력을 의미하는 증기압력 곡선을 그 온도에서 끓기 위한 외부압력이라고 해석할 수 있고, 이는 끓음이 일어나는 온도와 압력을 나타낸 상평형 곡선의 기화 곡선과 같은 곡선임을 의미한다.

그러므로 상평형 곡선에서 증기압 곡선을 통해 우리는 물은 외부 압력이 1기압인 경우 100°C에서 물이 끓는다는 점과 함께 100°C에서 물의 증기 압력이 1기압이라는 점도 알 수 있다.

우리는 증기 압력을 측정하기 위해서 반드시 밀폐된 용기를 사용한다. 열린계에서는 기화나 승화가 일어날 때 동적 평형상태에 도달할 수 없다. 동적 평형 상태에 도달하기 위해서는 응결속도와 증발속도가 같아야 한다. 열린계에서는 액체가 증발하여 기체가 되어도 이 기체 입자의 확산으로 인해 응결 가능한 기체 입자의 수가 증가하지 않아 시간이 흘러도 동적 평형상태에 도달할 수 없어 증발은 계속 일어난다.

공기 중의 수증기가 불포화 상태라면 계속 증발되며, 수증기가 포화 상태라면 더 이상 증발되지 않는다. 해당 온도에서 포화 상태라고 함은 겉으로 보기에는 더 이상 증발이 일어나지 않는 상태 즉, 증발 속도와 응결속도가 같아 동적평형이 이루어진 상태이기 때문에 이때의 수증기의 부분압력은 수증기의 증기압력에 해당할 것이다. 불포화 상태라고 함은 수증기의 부분압력이 증기압력보다 작은 상태를 말한다. 열린계라면 증발이 일어나더라도 증발된 물 분자는 확산되어 날아가 수증기의 부분압력에 큰 변화가 없으므로 물은 계속 증발하게 될 것이다.

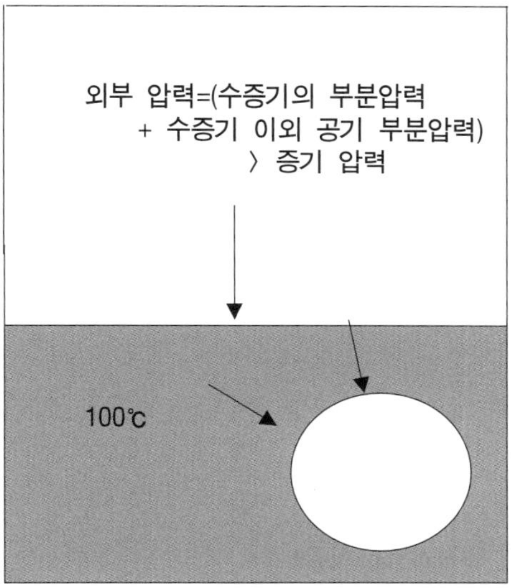

밀폐 공간에서는 온도를 높일수록 물이 기화되는 양이 많아져 외부 압력은 증가하여 증기 압력은 외부 압력과 같아질 수 없다.

닫힌계에서는 물이 기화되어 생성된 물 분자는 멀리 확산되지 못하므로 온도가 증가함에 따라 기화가 일어날수록 수증기의 부분 압력은 증가하게 되고, 이어 외부 압력도 전체적으로 증가하게 된다. 따라서 100°C에 이르렀을 때 물의 내부에서 생성된 기포의 증기 압력이 1기압이 되어도 외부 압력이 이미 1기압보다 커졌기 때문에 기포가 생성되기 못하여 닫힌계에서는 끓을 수가 없다. 압력솥도 밀폐한 후 가열할 때에는 끓지 못하고 온도와 압력이 계속 증가하지만, 일정 압력에 도달하면 압력솥의 추가 작동하여 압력이 빠져나가게 되고 그 순간 압력이 낮아지면서 끓게 되는 것이다.

온도를 계속 증가시키면 물이 증발되는 양은 증가하고, 온도의 증가에 따라 물은 팽창하여 밀도가 작아지게 된다. 반대로 기체는 증발되는 수증기의 양이 많아서 밀도가 커지게 되어 결국 물과 수증기의 밀도가 같아져 둘 사이 경계가 사라지게 되는데, 둘 사이 경계가 사라지기 시작하는 온도와 그때의 압력을 임계점이라고 한다. 임계점 이후의 고온·고압에서 기체와 액체를 구별할 수 없는 상태를 임계상태라고 하며 이 상태에 있는 물질을 초임계 유체라고 한다.

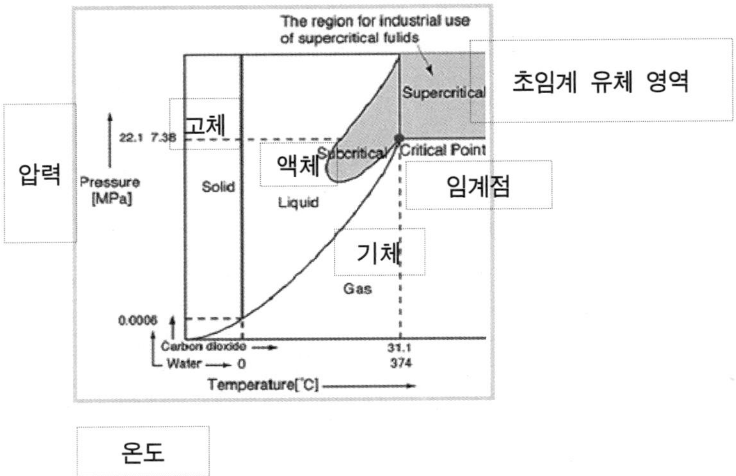

임계점 이후의 온도와 압력에서의 상은 초임계 유체이다.

임계점 이상의 온도에서는 액체와 기체는 분리될 수 없다. 공기의 임계점은 -140.7°C, 37.2 기압이다. 공기를 액체로 만들기 위해서는 -140.7°C 이하의 온도가 되어야 하며, 1기압에서는 아무리 온도를 내려도 쉽게 응축되지 못하여 액체공기가 되기 어렵다. 온도를 −140.7°C로 내리고 37.2기압보다 큰 압력을 가하면 비로소 액체 공기가 될 수 있다.

물을 바닥에 떨어뜨리면 어디서 물이 점점 사라지는 것을 관찰할 수 있다. 이것은 물이 증발되기 때문이다. 그런데 상평형 그림에서 보면 물은 1기압 25°C에서 액체상이 가장 안정하므로 상온에서 물이 증발하는 현상을 설명하기 어렵고 오히려 공기 중의 수증기도 액체로 돌아와야 할 것처럼 보인다.

이 문제의 가장 큰 단서는 '증발'이라는 점이다. 위에서도 언급했듯이 증발과 끓음은 다르다. 증발은 액체의 표면에서 일어나는 기화 현상이고 끓음은 액체의 내부에서도 일어나는 기화 현상이다. 액체의 표면에 있는 입자는 내부에 있는 입자와 주위 환경이 다르다.

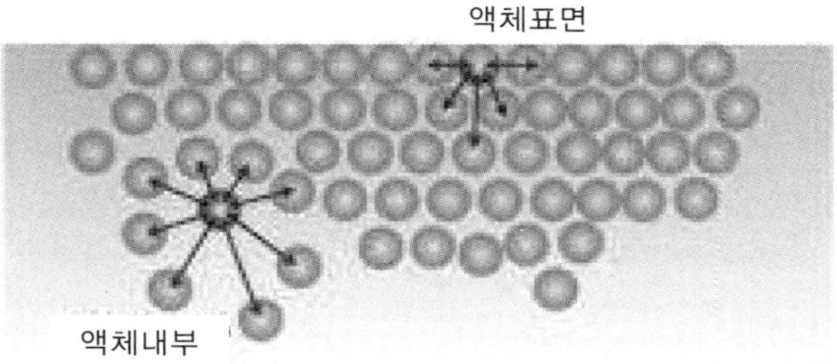

액체의 내부에서는 사방의 입자로부터 인력을 받는 반면, 표면에 있는 입자는 위에 입자가 없어 주위로부터 받는 인력이 작다.

내부에 있는 입자는 상하좌우에 있는 입자들로부터 인력을 받는다. 반면, 액체의 표면에 있는 입자는 액체의 위쪽 방향에는 입자들이 없어, 상대적으로 내부에 있는 입자보다 주위로부터 받는 인력이 작다.

기화가 되는 현상은 주위 입자들로부터 받은 인력을 끊어 내고 밖으로 튀어나가는 현상이다. 표면에 있는 입자는 상대적으로 주위로부터 받는 인력이 약하기 때문에 낮은 온도에서도 저절로 증발이 가능한 것이다.

온도가 높아지면 증발이 더 잘 일어나는 이유도 다음과 같이 설명가능하다. 주위로부터 열에너지를 받으면 입자는 운동에너지가 커지고 주위로부터 인력을 끊어내기 더 쉽기 때문에 증발이 더 잘 일어나게 된다.

100℃ 이하에서도 기화가 일어나는 현상을 분자 운동 속력의 분포로 설명할 수 있다. 분자의 운동 속력은 주어진 온도와 분자의 질량과 관련이 있다($E \propto T, E = \frac{1}{2}mv^2$). 하지만 동일한 입자가 같은 온도에 있어도 모든 입자들의 운동 속력은 같지 않다. 어떤 입자는 매우 빠르게 어떤 입자는 매우 느리게 운동하여 다음과 같은 분포 곡선을 띤다. 이들 입자들의 운동 속력을 평균을 내면 평균 운동 속력이 된다. 이와 같은 입자의 운동 속력에 따른 입자 수의 분포를 다음과 같은 그래프를 나타낼 수 있다.

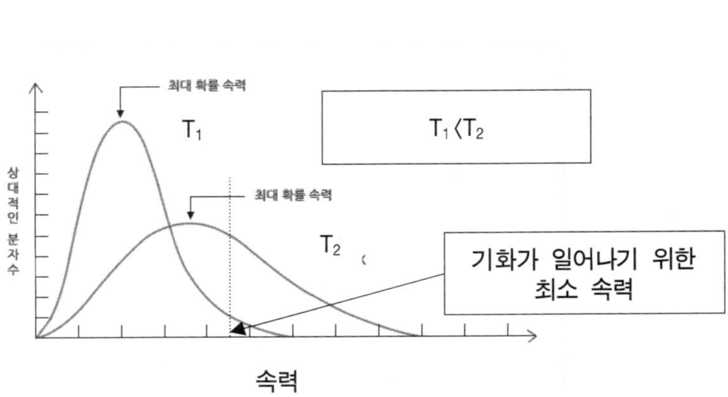

두 온도에서 속력에 따른 분자수의 분포를 나타낸 그래프. 기화가 일어나기 위해서는 분자는 일정 이상의 속력을 가져야 하고 온도가 높을수록 일정속력 이상의 분자수는 증가하여 기화 가능한 분자수는 많아진다.

액체 입자들도 운동을 하고 이들의 운동 속력도 제각기 다르다. 기화가 되기 위해서는 주변의 인력을 끊어 낼 수 있을 만큼의 충분한 운동 속력를 가지고 있어야 한다. 평균적으로 대부분의 입자는 증발할 수 없지만 속도 분포에 따르면 운동 속력이 매우 큰 입자들도 존재하기 때문에 기화가 가능한 입자들도 존재한다. 따라서 낮은 온도에서 기화가 일어나게 된다. 온도가 증가하면 입자의 평균 운동 속력은 증가하고, 주변의 인력을 끊어낼 운동 속도를 가진 분자수가 많아져 증발이 더 잘 일어나게 된다.

우리는 승화 현상을 설명할 때 대표적인 승화성 물질인 드라이아이스를 예로 든다. 드라이아이스를 물에 넣으면 드라이아이스는 하얀 연기를 만든다. 이 하얀 연기는 무엇인가? 만약 이산화탄소라면 우리는 공기 중에 0.03% 존재하는 이산화탄소 때문에 평소에도 공기가 뿌옇게 보일 것이다. 하지만 이산화탄소는 무색 기체이다. 이산화탄소의 상평형 그림을 보면 이산화탄소는 1기압에서 고체상과 기체상으로만 존재할 수 있다. 이산화탄소 액체상을 만들기 위해서는 삼중점인 5.11기압 이상이어야 한다. 삼중점 이상의 압력에서만 액체상이 나타날 수 있기 때문에 이산화탄소는 대기 중에서 액체상으로 존재할 수 없다.

그렇다면 드라이아이스에서 나온 흰 연기는 무엇일까? 드라이아이스를 상온에 두면 빠르게 승화된다. 기체상의 이산화탄소가 되기 위해서는 상전이가 일어나기 위해 많은 에너지가 필요하다. 따라서 승화가 일어날 때는 주위의 열을 빼앗기 때문에 주위의 온도를 낮게 유지할 수 있다. 우리가 아이스크림을 운반하기 위해 드라이아이스를 사용하는 원리도 이와 같다. 드라이아이스에서 나온 흰 연기는 드라이아이스가 승화되면서 주위의 온도가 낮아지게 되어 공기 중의 수증기가 응결되어 미세한 물방울이 되고 이 미세한 물방울이 마치 하얀 연기로 보이게 되는 것이다.

그렇다면 언 빨래가 마르는 현상은 드라이아이스와 같은 승화일까? 겉보기에는 액체인 물이 생성되는 과정을 관찰할 수 없으므로 승화 현상으로 보인다. 그러나 물의 경우 삼중점이 0.006기압이므로 대기압이 1기압일 때는 고체, 액체, 기체가 모두 존재한다. 물의 승화는 0.006기압 이해에서만 일어날 수 있으므로 대기압 1기압에서 언 빨래가 마르는 현상을 설명하는 것은 쉽지 않다.

상평형 그림의 세로축 압력은 증기 압력과 외부 압력으로 설명할 수 있다. 상평형 그림의 압력을 증기 압력으로 보고 설명하면 다음과 같다.

승화 곡선은 일정한 온도에서 밀폐되고 진공상태인 용기에 고체를 두면 그 고체가 승화되고 포화수증기 상태가 되어 승화속도와 응축속도가 같아 더 이상 승화현상이 일어나지 않는 것처럼 보일 때 그때의 증기압을 나타낸 곡선이다. Y°C에서 얼음의 승화에 의해 포화 수증기 상태가 되었다면 이때의 증기 압력은 X가 될 것이다. 만약 수증기의 부분 압력이 X보다 작다면 얼음은 계속 승화되어 빨래는 마르고, 수증기의 부분 압력이 X와 같거나 크다면 얼음이 더 이상 승화되지 못하여 빨래는 마르지 못할 것이다.

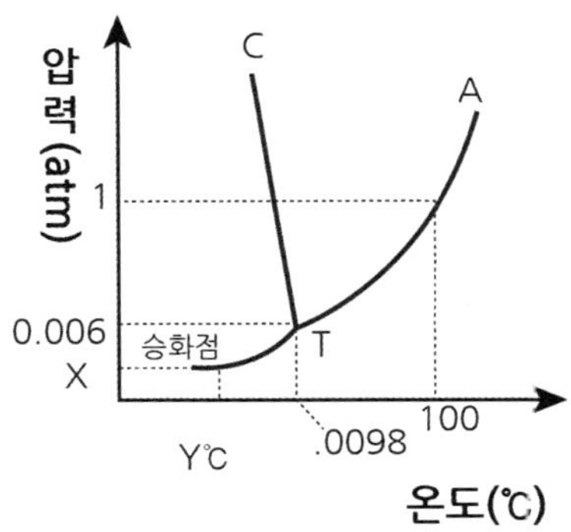

Y℃에서 얼음의 승화에 의한 증기 압력은 X이다.

겨울철 베란다에서 빨래를 말릴 때 빨래가 오랫동안 마르지 않는 것을 경험해 봤을 것이다. 문을 꼭 닫은 채로 언 빨래를 말릴 경우 빨래가 쉽게 마르지 않는 것은 베란다가 닫힌계가 되어 공기 중 수증기의 부분 압력이 해당 온도에서 얼음의 증기 압력과 같아져 동적 평형 상태에 도달하여 승화가 일어나지 않는 것이다. 이 경우 창문을 열어 열린계를 만들면 수증기를 확산되어 수증기의 부분 압력을 낮아져 다시 승화가 일어나게 될 것이다.

찾아보기

| ㅇ |

| ㅎ |